|目　　　次|　　v|

4.1.3　2中心2電子結合と電子不足結合 …………………………… 54

4.1.4　形式電荷・共鳴 ……………………………………………… 54

4.1.5　酸　化　数 …………………………………………………… 56

4.2　分子軌道法入門 ……………………………………………………… 56

4.2.1　原子軌道と分子軌道 …………………………………………… 56

4.2.2　水素分子とヘリウム分子イオン ……………………………… 58

4.2.3　結　合　次　数 ………………………………………………… 60

4.2.4　多電子原子の分子とさまざまな軌道 ………………………… 61

4.2.5　フロンティア軌道 ……………………………………………… 63

4.2.6　等核二原子分子1：フッ素分子 ……………………………… 64

4.2.7　等核二原子分子2：酸素分子と三重項状態 ………………… 65

4.2.8　等核二原子分子3：窒素分子 ………………………………… 66

4.2.9　異核二原子分子1：フッ化水素 ……………………………… 68

4.2.10　異核二原子分子2：一酸化炭素 ……………………………… 69

4.2.11　混　成　軌　道 ………………………………………………… 71

4.2.12　不飽和結合 ……………………………………………………… 73

4.2.13　バンド理論 ……………………………………………………… 74

4.2.14　金属（導体）・半導体・絶縁体 ……………………………… 75

4.2.15　量子ドット ……………………………………………………… 77

ま　　と　　め ………………………………………………………… 79

章　末　問　題 ………………………………………………………… 79

5章　典　型　元　素

5.1　元素の各論 …………………………………………………………… 81

5.2　水　　　素 …………………………………………………………… 82

5.2.1　水素の同位体 …………………………………………………… 82

5.2.2　水素分子と原子核のスピン …………………………………… 83

5.2.3　水素原子の電子配置と化学的性質 …………………………… 84

5.2.4　水素の化合物1：塩類似水素化物 …………………………… 85

vi 目 次

5.2.5 水素の化合物 2：分子性水素化物 ·· 86

5.2.6 水素の化合物 3：金属類似水素化物 ·· 87

5.3 希ガス（貴ガス）·· 87

5.4 アルカリ金属 ··· 89

5.4.1 アルカリ金属単体の性質 ·· 89

5.4.2 アルカリ金属単体の製法 ·· 91

5.4.3 アルカリ金属のイオン化傾向 ·· 92

5.4.4 アルカリ金属のイオンの大きさと水和半径 ···································· 94

5.4.5 アルカリ金属のアンモニアへの溶解 ·· 95

5.4.6 アルカリ金属イオンを有機溶媒に溶かす方法 ································· 95

5.4.7 アルカリ金属の酸化物とその他の化合物 ······································· 96

5.5 アルカリ土類金属（第 2 族元素）·· 97

5.5.1 アルカリ土類金属（第 2 族元素）単体の一般的な性質 ·················· 98

5.5.2 対角関係：アルカリ金属元素, 第 2 族元素, 第 13 族元素の類似性 ··· 99

5.5.3 第 2 族元素の化合物 ··· 100

5.6 ホウ素とアルミニウム ·· 101

5.6.1 ホウ素の同位体 ··· 102

5.6.2 ホウ素の化学的性質 ··· 103

5.6.3 ボランの構造 ·· 105

5.6.4 ホウ素のその他の化合物 ·· 106

5.6.5 アルミニウム ·· 107

5.6.6 アルミニウム単体の製法 ·· 108

5.6.7 アルミニウムの化合物 ·· 108

5.7 炭素とケイ素 ·· 109

5.7.1 炭素の同位体 ·· 109

5.7.2 炭素の単体と同素体 ··· 110

5.7.3 炭素の化合物 ·· 112

5.7.4 ケイ素の単体と製法 ··· 113

5.7.5 ケイ素の化合物 ··· 115

5.8 窒素とリン ·· 116

目 次　vii

5.8.1　窒素の単体と化合物 …………………………………………… 116

5.8.2　リンの単体と化合物 …………………………………………… 118

5.8.3　窒素またはリンを含む錯体 ………………………………… 120

5.9　酸素と硫黄 …………………………………………………………… 120

5.9.1　酸素の単体とイオン ………………………………………… 121

5.9.2　活性酸素と過酸化水素の製法 ……………………………… 122

5.9.3　硫黄の単体 ……………………………………………………… 124

5.9.4　硫黄の化合物の例 ……………………………………………… 125

5.10　ハロゲン ……………………………………………………………… 125

5.10.1　ハロゲンの単体 ……………………………………………… 127

5.10.2　ハロゲン単体の製法 ………………………………………… 128

5.10.3　フッ素の特徴 …………………………………………………… 129

5.11　オキソ酸 ……………………………………………………………… 131

5.11.1　周期表とオキソ酸 …………………………………………… 132

5.11.2　おもな典型元素のオキソ酸 ……………………………… 133

5.11.3　ハロゲンのオキソ酸 ………………………………………… 134

ま と め ………………………………………………………………………… 135

章 末 問 題 …………………………………………………………………… 139

6章　遷移元素と錯体化学

6.1　遷移元素とは ………………………………………………………… 140

6.2　配位化合物 …………………………………………………………… 142

6.2.1　配 位 結 合 ……………………………………………………… 142

6.2.2　錯体の命名法 …………………………………………………… 143

6.2.3　錯体の構造 ……………………………………………………… 145

6.3　原子価結合理論と錯体の磁性 …………………………………… 149

6.4　結晶場理論 …………………………………………………………… 152

6.5　配位子場理論 ………………………………………………………… 155

6.6　金属錯体の電子状態と分光学 …………………………………… 155

viii　目　　　　　次

6.6.1　金属錯体の色 ……………………………………………… 156
6.6.2　分光化学系列 ………………………………………………… 156
6.7　金属錯体の安定性と反応 …………………………………… 157
6.8　遷移金属元素の各論 …………………………………………… 158
6.8.1　スカンジウム・イットリウム ……………………………… 159
6.8.2　チタン・ジルコニウム・ハフニウム ……………………… 160
6.8.3　バナジウム・ニオブ・タンタル …………………………… 161
6.8.4　クロム・モリブデン・タングステン ……………………… 162
6.8.5　マンガン・テクネチウム・レニウム ……………………… 163
6.8.6　鉄・コバルト・ニッケル …………………………………… 163
6.8.7　白金族元素 …………………………………………………… 164
6.8.8　銅・銀・金 …………………………………………………… 165
6.8.9　ランタノイド ………………………………………………… 167
ま　と　め ……………………………………………………………… 168
章 末 問 題 ……………………………………………………………… 169

7章　固　体　化　学

7.1　固体化学とは：結晶について ……………………………… 170
7.2　無機化合物の結晶構造 ………………………………………… 170
7.2.1　イオンの最密充填と配位多面体 …………………………… 171
7.2.2　晶系と単位格子，ブラベ格子 ……………………………… 171
7.2.3　代表的な結晶構造 …………………………………………… 175
7.3　結晶によるX線回折 …………………………………………… 177
7.3.1　X線回折についての基礎知識 ……………………………… 178
7.3.2　空間群と消滅則 ……………………………………………… 179
7.4　固体の電気伝導 ………………………………………………… 180
7.5　固体の熱伝導 …………………………………………………… 182
7.6　誘電体と関連する物性 ………………………………………… 182
7.7　格 子 欠 陥 ……………………………………………………… 185

目　　　次　　*ix*

7.8　ナ ノ 材 料 ………………………………………………… *185*

ま　　と　　め …………………………………………………… *187*

章 末 問 題 ……………………………………………………… *188*

8章　溶 液 化 学

8.1　溶液化学とは ……………………………………………… *189*

8.2　理想溶液と非理想溶液 …………………………………… *189*

8.3　酸 と 塩 基 ………………………………………………… *190*

　　8.3.1　酸と塩基の定義 …………………………………… *190*

　　8.3.2　pH と pK_a ………………………………………… *192*

　　8.3.3　HASB ………………………………………………… *193*

　　8.3.4　緩 衝 溶 液 …………………………………………… *194*

　　8.3.5　水　　　和 …………………………………………… *195*

　　8.3.6　加 水 分 解 …………………………………………… *196*

8.4　酸 化 還 元 ………………………………………………… *197*

　　8.4.1　酸化剤と還元剤 …………………………………… *197*

　　8.4.2　標準酸化還元電位 ………………………………… *199*

ま　　と　　め …………………………………………………… *202*

章 末 問 題 ……………………………………………………… *203*

9章　核　　化　　学

9.1　核化学とは ………………………………………………… *204*

9.2　自然界の力と放射性同位体 ……………………………… *205*

9.3　放射線と放射能：関係する物理量 ……………………… *207*

9.4　放射性同位体の半減期 …………………………………… *210*

9.5　アクチノイド ……………………………………………… *210*

9.6　原子力発電の概要 ………………………………………… *212*

9.7　核医学の概要 ……………………………………………… *216*

x　　目　　　　　　次

まとめ………………………………………………………217

章末問題……………………………………………………218

10章　生物無機化学

10.1　生物無機化学とは………………………………………219

10.2　酸　　素…………………………………………………220

　　10.2.1　酸素と活性酸素……………………………………221

　　10.2.2　活性酸素の除去と生体防御……………………………224

　　10.2.3　窒素酸化物…………………………………………225

10.3　アルカリ金属……………………………………………225

10.4　第2族元素（アルカリ土類金属）………………………………226

10.5　金属錯体…………………………………………………227

　　10.5.1　金属錯体と酵素……………………………………228

　　10.5.2　血液における酸素運搬……………………………………230

　　10.5.3　金属錯体と光合成……………………………………234

10.6　金属が示す毒性…………………………………………235

　　10.6.1　重金属の毒性………………………………………236

　　10.6.2　金属発がん…………………………………………236

10.7　無機物質の薬理作用の例：抗がん剤……………………………237

まとめ………………………………………………………238

章末問題……………………………………………………238

付　　　　録……………………………………………………240

索　　　　引……………………………………………………242

1. 原 子

1.1 原子とは

　世の中には，さまざまな物質が存在する。**混合物**（mixture）と**純物質**（pure substance）に分けられ，純物質は，**化合物**（compound）と**単体**（simple substance）に分けられる。単体を構成する物質を分類したものが**元素**（element）と呼ばれるが，2章の**周期表**（periodic table）で分類されるように元素は100種類以上知られている。元素は，それ以上分割できない粒子である**原子**（atom）で構成されている。（原子1つが元素とみなされる場合もある。）その原子の構造は，比較的単純である。**図1.1**に示すように，正電荷をもつ**原子核**（nucleus）の周りに負電荷をもち非常に軽い**電子**（electron）が存在している（回っているとみなすこともできる）。原子核は，正電荷をもつ**陽子**（positron）と電荷をもたない**中性子**（neutron）で構成されている。陽子と中性子の質量は，ほぼ等しく（中性子のほうが少し重いとされるが），それぞれ電子の1840倍程度の質量をもち，原子核の質量が原子の質量と考えてよい。

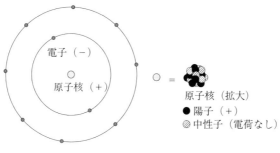

図1.1　原　　　子

2　　1.　原　　　　　　　子

　この世の中に存在する物質の性質は，さまざまである。常温で，**気体**（gas）か**液体**（liquid）または**固体**（solid）のものもあれば，水に溶けやすいものと溶けにくいもの，よく燃える物質と難燃性の物質，硬いものとやわらかいもの，電気を流すかどうか，**酸**（acid）と**塩基**（base）など，細かい性質を考えるときりがない。物質は原子で構成されているから，原子の種類で性質が決まるわけである。原子の性質に影響する重要な因子を考えていくと，電子の配置が化学的および物理的性質を決めているといってもよい。

　現在，**陽子数を原子番号**（atomic number）として，元素を交通整理している。陽子数が等しい原子で構成される物質を同じ元素として分類するのである。陽子数が決まれば，電子数も決まる。中性原子であれば（イオンでなければ），陽子数と電子数は等しい。1.2節で説明するが，原子の中で電子の座席は決まっており，その数が決まれば，電子配置が決まり，性質も決まる。すなわち，陽子数でその元素の運命が支配されているといってよい。

1.1.1　原子を構成する粒子

〔1〕　**中性子**　　中性子は原子核を構成する粒子で，電荷をもたない。質量は，陽子とほぼ同じ（中性子のほうがわずかに重い）。陽子とは自然界で最強の**強い力**（strong force）（または**核力**（nuclear force））と呼ばれる力で結合している。中性子は，3つの**クォーク**（quark）と呼ばれる素粒子から構成されているが，本誌ではそれ以上深入りしないことにする。陽子数が同じ物質は同じ元素と分類されるが，中性子数が異なる場合，**同位体**（isotope）と呼ばれる。同じ元素であるが，原子としては同じではない。

〔2〕　**陽　子**　　陽子は原子核を構成する粒子で，正電荷（1つ当り$+1.602 \times 10^{-19}$ C）をもつ。質量は，中性子とほぼ同じである。陽子は正電荷をもっているため，小さな原子核に集まっていると反発してしまう。しかし，陽子は，中性子と強い力で結合しており，その結合力は，陽子間の反発力を上回っている。陽子と中性子の数のバランスが悪いと原子核は不安定になる。安定な原子核は未来永劫，内部から**崩壊**（decay）することはない（外部からの

1.1 原 子 と は　　3

影響がなければその状態のまま）と考えられているが，不安定な原子核は内部から崩壊する。そのときに**放射線**（radioactive ray）を発し，**放射性同位体**（radioisotope）となる。原子核については，9章の核化学で再び扱う。

〔**3**〕**電 子**　　電子は原子核の周りに存在する（回っているとみなすこともできる）非常に軽い粒子である。負電荷（1つ当り -1.602×10^{-19} C）をもち，その絶対値は陽子の電荷と同じである。電子はそれ以上分解することができない素粒子であると考えられている。物質の性質は，電子の働きによって決まるといっても過言ではない。電子の受け渡しによって化学反応は起こり，エネルギーの出入りも連動する。（物質の燃焼や爆発も電子の働きのためである。）電子の大きさについては，非常に小さい粒子とみなすこともできるが，厳密に議論するのが難しい。とりあえず，本書では，電子の大きさはよくわからないが，小さい粒子のようなものと考えておこう。

原子に関する用語について整理してみる。

1) 同位体：原子番号（陽子数）が同じであるが，**質量数**（mass number）（陽子数と中性子数の和）または中性子数が異なる原子を意味する。すなわち，同じ元素ではあるが，同じ原子ではない（元素と原子という用語の違いに注意）。

2) **同重体**（isobar）：質量数が同じであるが，原子番号が異なる原子を指す。陽子数が異なるので，たがいに異なる元素である。

1.1.2　元素の存在状態と成因

宇宙の起源は，**ビッグバン**（big bang）とされ，そのときから元素が作られていったと考えられる。最もシンプルな元素である水素が全宇宙で最も多く，重量比で77％といわれる。ついで，ヘリウムが21％程度といわれており，それよりも重い元素は，宇宙全体の割合としては，わずかであるといえる。これは**分光学**（spectroscopy）によってわかった。物質が発する光（電磁波）の波長は，物質特有な成分があり，宇宙から地球に届く光を分析すると，その起源を推定することができる。なお，地球の表面付近では，酸素が最も多く，続い

6   1. 原　　　　　子

直感的にわかると思う。電気のエネルギーによって n が大きな軌道へ電子が移り，再び元の軌道（$n=1$ の状態が最も落ち着くはずである。）に戻るときに差のエネルギーが光となって放射される。実際にボーアモデルを使って，水素原子の電子のエネルギーを計算してみよう。

　具体的には，電子のもつ**運動エネルギー**（kinetic energy）と**位置エネルギー**（potential energy）を計算することになる。そのためには，電子の速度と円運動の**半径**（radius）が求まればよい。まず，①の条件から，電子は原子核との**静電引力**（electrostatic attraction）（**クーロン力**，Coulomb force）によって引き合いながら，円運動していると考えられる。その式は，高等学校の物理で習った

$$m_e \frac{v^2}{r} = \frac{1}{4\pi\varepsilon_0}\frac{e^2}{r^2} \tag{1.2}$$

である。ここで ε_0 は**真空の誘電率**（vacuum permittivity）である。一般に，e^2 の部分は，電子と原子核（陽子による）の電荷を掛け合わせたものであるが，水素では，単純に**電気素量**（elementary charge）の 2 乗にマイナスをつけた値で表される。また，引力の大きさだけで議論できるので，負号はついていない。解き方の詳細については省略し，結果のみを示す。この式を解いて知りたい情報は，円運動の半径 r と電子のもつエネルギー E である。エネルギーがわかれば，原子から電子を奪うために必要なエネルギー（イオン化のしやすさ，酸化のしやすさに対応）などがわかり，半径がわかれば原子の大きさや電子の配置がわかる。r と E を表す式を示す。

$$r = \frac{\varepsilon_0 h^2}{\pi e^2 m_e} n^2 \tag{1.3}$$

$$E = -\frac{m_e e^4}{8\varepsilon_0^2 h^2}\frac{1}{n^2} \tag{1.4}$$

　このように，半径 r もエネルギー E も整数 n だけで決まる（それ以外は，すべて定数である）。n が大きいほど，電子は原子核から遠く離れ，半径は大きくなるが，2 乗に比例することから，n の増大は，半径の増大に大きく影響

する。また、エネルギーは負の値であることから、原子核により電子が束縛されていることがわかる。n の増大に従って、エネルギーの絶対値は0に近づいていく。n が無限大になるとき（半径も無限大であるが）、エネルギーは0になる。このとき、電子は、原子核からの束縛を受けなくなり、自由電子となっている。厳密に無限大という状態ではなくても、ある程度電子を引き離せば、原子から電子を取り去ったとみなすことができる。このとき必要なエネルギーが1.3節で説明するイオン化エネルギーの理論値である。

その後、**ド・ブロイ**（de Broglie）の**物質波**（matter wave）の考えによると、これまで波と考えられてきた光が粒子でもあるのと反対に、物質であるとみなされてきた電子も波の性質をもつとされる。具体的には、速度 v で直進運動する電子は、次式で表される波長 λ をもつということである。

$$\lambda = \frac{h}{mv} \tag{1.5}$$

ボーアモデルの考えと併せると、電子は、その物質波の波長の整数倍の円周であれば安定に存在できると結論された。ボーアの条件、式 (1.1) に式 (1.5) を変形して代入すると

$$2\pi r = n\lambda \tag{1.6}$$

となる。左辺の $2\pi r$ は、電子軌道の円周であり、右辺は、電子の波長の整数倍を表している（**図1.3**）。したがって、電子が存在できる軌道は、電子を波と考えたときの波長の整数倍のサイズに限られるということである。

ところで、このボーアモデルを用いると、水素原子だけは、エネルギーを正確に計算することができる。しかし、電子を2個以上もつ他の原子には適用す

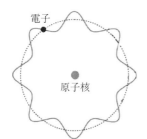

図1.3 ボーアモデルの物質波による解釈

ることができない。一般に，原子の中の電子の配置とエネルギーを計算するためには，量子力学の考え方が必要になる。

1.2.2 量子力学（量子化学）入門

（ここは，とりあえず飛ばして読んでもよい。）**量子力学**（quantum mechanics）とは，原子のような小さな世界を支配する法則を考える学問であり，**量子化学**（quantum chemistry）は，その化学への応用である。量子化学では，分子などの物質の性質や化学反応の機構が量子力学に基づいて探求されている。ここでは，その入門的な説明を行う。目的は，原子の中の電子についてどのようにわかってきたのか，その概要を知ることである。

量子力学では，電子は波でもあるという考えから，原子の中の電子の配置やエネルギーを計算する。そのとき用いられるのが**シュレーディンガー方程式**（Schrödinger equation）である。例えば，基本的なシュレーディンガー方程式は，次式で表すことができる。

$$\hat{H}\varphi = E\varphi \qquad (1.7)$$

ここで，$\hat{H}$ はエネルギーの**ハミルトニアン演算子**（Hamiltonian operator）であり，φ は**波動関数**（wave function）（**固有関数**，eigenfunction）（すなわち，電子の振る舞いを表す波の式），E はエネルギーの固有値である。シュレーディンガー方程式は，このように演算子×固有関数＝固有値×固有関数で表される。ここで，両辺を φ で割って，$\hat{H}=E$ としてはいけない。まず，演算子を固有関数に作用させるところからはじめる。具体例があったほうがわかりやすいと思うので，1次元（実際の原子は3次元なので，複雑であるため）を例にする。

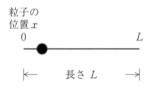

図1.4 紐状物質における粒子

1.2 元素の電子状態　　9

　小さな紐（長さ L の線）のような物質があったとして，その線の上を粒子（電子でもよい）が自由に動けるとする（**図1.4**）。また，粒子がもつエネルギーは，運動エネルギーのみとする。

　そのとき，エネルギーの $\hat{H}$ は（詳細は省略する）

$$\hat{H} = -\frac{h^2}{8\pi^2 m}\frac{\partial^2}{\partial x^2} \tag{1.8}$$

となる（ことが決められている）。ここで，m は粒子の質量，x は粒子の位置である。紐の端を $x=0$ と考え，もう一端を $x=L$ とすればよい。φ は波の式なので，**三角関数**（trigonometric function）が適当であり

$$\varphi = A\sin\frac{n\pi x}{L} \tag{1.9}$$

とみなすことができる。A は波の**振幅**（amplitude）であるが，その意味については，あとで考える。量子力学では，まず，左辺で固有関数である波の式に演算子を作用させ（この場合は，まず x で2階微分する），右辺にも固有関数を代入する。そうすると

$$-\frac{h^2}{8\pi^2 m}\left(-A\frac{n^2\pi^2}{L^2}\right)\sin\frac{n\pi x}{L} = EA\sin\frac{n\pi x}{L} \tag{1.10}$$

となり，両辺の三角関数の部分をやっと消すことができる。すると

$$E = \frac{h^2}{8mL^2}n^2 \tag{1.11}$$

となって，エネルギーを求めることができた。エネルギーは，整数 n の2乗に比例して，飛び飛びの値となることが示される。次に，固有関数 φ について考える。この場合，固有関数 φ は，紐状の物質の位置 x における振幅を表している。量子力学では，この振幅が大きいほど，電子はその位置に見つかるという解釈がされている。具体的には，この振幅の2乗に比例して電子が見いだされると解釈されている。電子は，粒子でもあり，波でもあるとされるが，原子（この場合は，紐状の物質であるが）の中での電子は，実体のない霧のような存在であり，霧が濃い部分（振幅が大きい部分）に存在している確率が高いというようにみなされる。確率というのは，最大で1となり，紐状の物質全体で

10   1. 原　　　　　子

電子が見つかる確率は1になるので，固有関数φの2乗を$x=0$からLの範囲
で積分すると1になる。すなわち

$$\int_0^L \left(A\sin\frac{n\pi x}{L} \right)^2 dx = 1 \tag{1.12}$$

であるので，これを解いてAを求めると

$$\varphi = \sqrt{\frac{2}{L}} \sin\frac{n\pi x}{L} \tag{1.13}$$

と表される。

　量子力学（特に量子化学）では，原子や分子の中に存在している電子のエネ
ルギーと固有関数（電子が存在している空間，すなわち軌道）を求めるため
に，このような計算が用いられる。エネルギーも軌道関数もきれいに求められ
るのは，単純な系だけであり，水素以外の原子や分子では，簡単に求めること
はできない。量子力学を用いた化学の研究では，分子などの固有関数（これか
ら先，波動関数と呼ぶ）を予想して，エネルギー固有値を計算する。少しずつ
波動関数の形を変えながら，エネルギー固有値を計算して，できるだけ小さな
値になるように調整していく。これを繰り返し，エネルギー固有値が極小にな
る波動関数を最も妥当な候補とみなす。自然界では，できるだけエネルギー的
に安定な状態が作られると考えられる。したがって，計算で求めた中で最も小
さな固有エネルギーが，求めるべきエネルギーに最も近いはずであり，そのと
きの波動関数が実際の電子の軌道に最も近いとみなされる。

1.2.3 原子軌道

　以上のような考え方により，原子の中に存在する電子の軌道（波動関数で表
される電子が存在する空間の形）は，現在，次のようになることがわかってい
る（図1.5）。

1) **s軌道**（s-orbital）：球の形

2) **p軌道**（p-orbital）：中心に節（node）があるリボンのような形。影が付
   いた部分とついていない部分があり，波における山と谷に相当する。

1.2 元素の電子状態　11

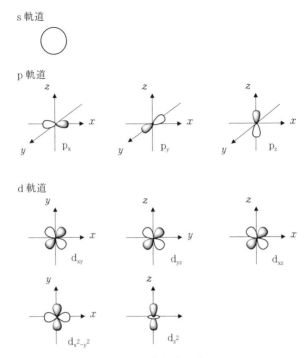

図1.5　各軌道の形

この山と谷を**位相**（phase）と呼ぶ。山と谷の違いを3次元で表現するのは困難なので，影で表している。向きが異なる3通りのパターンがある。

3) **d軌道**（d-orbital）：d_z^2以外は，四葉のクローバーの葉のような形をしている。p軌道同様に位相の違いを表すため，影が用いられる。p軌道よりも複雑な5パターンがある。

4) **f軌道**（f-orbital）：ここでは詳細は省略するが，d軌道よりも複雑な形をしており，7パターン存在している。もちろん位相の違いを表す影が使われている。

これらの軌道を表現するために量子数という数値が用いられる。以下の量子数の組合せで原子に存在する電子の軌道が決まる。

主量子数（principal quantum number）（n）：原子核から電子までの距離（すなわち電子軌道の大きさ）を決める。また，電子がもつエネルギーの大きさ

は，ほとんど n の値で決まる。この n は，ボーアモデルにおける水素原子の電子軌道を表す整数に対応している。また，n は，高等学校の化学で習う電子殻に対応し，K殻（$n=1$），L殻（$n=2$），M殻（$n=3$），N殻（$n=4$）である。

方位量子数（azimuthal quantum number）（l）：軌道の形を決める。s軌道は，$l=0$，p軌道は，$l=1$，d軌道は，$l=2$，f軌道は，$l=3$である。lの値が大きくなるに従って，軌道の形は複雑になる。また，lの値は，0から$n-1$までと決まっており，主量子数 n が大きいほど，軌道の形はバラエティーに富むことになる。

磁気量子数（magnetic quantum number）（m）：軌道の向き（合計の数）に関係している。m は，$-l$，$-l+1$，$\cdots$，-1，0，$+1$，$+l-1$，$+l$ のパターンが可能である。s軌道は，$l=0$ なので，$m=0$ だけが可能であり1パターンである。各電子殻にs軌道は球状パターンが1つだけであることに対応している。p軌道は，$l=1$ であることから，$m=-1$ と0，$+1$ の合計3つが可能である。したがって，図1.5に示すような向きが異なる3パターンが存在する。d軌道は，$l=2$ すなわち，$m=-2$，-1，0，$+1$，$+2$ の5通りが可能なので，5つのパターンが存在することに対応している。f軌道は，$l=3$ であることから，$m=-3$，-2，-1，0，1，2，3 の7通りが可能であるため，7つのパターンをもつ。

化学では，軌道の形が重要である。化学反応が起きるとき，原子や分子がどの方向から接近すると軌道が重なりやすいか？反発しやすいか？などを予測することができる。そこで，f軌道とまではいわないが，d軌道までは，形を覚えておくことを勧める。実際，d軌道の形までを知っていれば，大学の専門課程での講義にも対応できる。f軌道の形は，卒業研究以降で希土類元素などの研究を専門的に行うときに勉強すれば十分であると思う。

軌道は，1s軌道，2s軌道，2p軌道，3s軌道，3p軌道，3d軌道などと呼ばれる。1s軌道と2s軌道，3s軌道は，それぞれ1つのパターンの軌道である。2p軌道と3p軌道は，それぞれ3つのパターンの軌道が存在し，3d軌道では，5つのパターンの軌道がある。

1.2.4 多電子原子の構造

水素原子以外は，2個以上の電子をもつので**多電子原子**（multielectron atom）と呼ばれる。電子は，できるだけ原子核に近いエネルギー的に安定な軌道から順番に配置されていく。この**電子配置**（electron configuration）を考えるために知っておかなければならないことがある。

まず，原子の中の電子は，あたかも自転しているかのような性質をもつ。実際に自転しているというわけではない。電子は小さな**磁石**（magnet）のような性質をもっており，鉄などが**磁性**（magnetism）をもつのは電子の性質による。電磁気学によると電荷をもつ物質が回転すると**磁界**（magnetic field）が発生する（すなわち磁石になる）。電子は，**スピン量子数**（spin quantum number）と呼ばれる数値で2つの状態にわけることができる。スピンとは回転のような意味をもつが，電子は，2通りのいずれかの方向に自転しているような状態であるため小さな磁石になっているとみなされる。スピン量子数は，$+1/2$ と $-1/2$ の2通りが可能である。単純に＋スピン，－スピン，または上向きスピン，下向きスピンと呼ぶこともある。あるいは，右回りと左回りなどと呼ぶこともある。いずれにしても，2通りのスピンのいずれかが可能である。多くの物質が磁性をもたないのは，$+1/2$ と $-1/2$ の電子が同数存在するため，全体としては磁性が打ち消しあってゼロになるためである。

さらに，原子の世界では，次のルールが知られている。

パウリの排他原理（Pauli's exclusion principle）（**排他律**）
同じ量子数をもつ電子は，同時に2個以上存在できない。

量子力学では，「同じ量子数をもつ**フェルミ粒子**（fermion）は，同時に2個以上存在できない。」というルールがある。フェルミ粒子というのは，素粒子の分類であり，電子もその仲間である。これを化学の視点で言い換えると，「1つの軌道に電子は2個までしか入ることはできない。ただし，2個入る場合には，スピン量子数は異なっている必要がある。」というのが一例である。この原理というのは，強い意味をもつ絶対的なルールであり，例外は存在しない。

また，次に示すもう1つのルールは，経験則であり，例外も存在する。

> **フントの規則**（Hund's rules）
> 等エネルギーの軌道が複数ある場合，電子は別々の軌道に同じスピン量子数で入る。

等エネルギーの軌道が複数あれば，同じ軌道に2個の電子が入るか，別々の軌道に分かれて入るか迷うところである。しかし，同じ軌道に2個の電子が入ると，負電荷をもつ電子どうしは反発しあうため，できるだけ別々の軌道に入ったほうがよいという経験則である。また，スピン量子数は同じほうがエネルギー的に安定になることが知られている。ただし，他の条件に影響を受けて例外ができる場合もある。

また，電子の入り方は，順番に 1s 2s 2p 3s 3p 4s 3d 4p…となる。ここで，電子は3d軌道よりも先に4s軌道に入ることに注意してほしい。電子が入る順番は，**図1.6**のようになることが知られている（例外もあることに注意）。このように，d軌道よりも，より外側のs軌道に電子が入るのは，近い軌道に電子が入りすぎると電子間の反発がおき，むしろエネルギー的に不安定になるためと解釈できる。そこで，先に外側の軌道に電子が入る。電子が入ると同時に陽子の数も増加するので，原子核の引力が十分強くなってから，d軌道にも電子が入る。

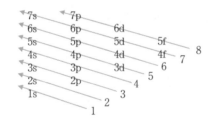

図1.6 軌道へ電子が入る順番（経験則）数字の順番に矢印をたどる

ここから，重要な結論が導かれる。**中性原子**（neutral atom）では，s軌道とp軌道しか最外殻電子軌道になれないということである。s軌道に入る電子は合計2個まで，p軌道には6個までであるので，合計8個となる。最外殻に

電子が 8 個入ると満員になり，安定化することは，このことから説明できる。これは，オクテット則と呼ばれ，4.1 節で説明する。

具体的な電子配置を考えてみよう。水素は，1s 軌道に電子が 1 個だけ入るので $1s^1$ と記述される。続けて書いてみる。

He：$1s^2$

Li：$1s^2 2s^1$

Be：$1s^2 2s^2$

B：$1s^2 2s^2 2p^1$

次の炭素 C では，どうなるか。C：$1s^2 2s^2 2p^2$ と書いて済ませることもできるが，p 軌道には，3 通り（$2p_x, 2p_y, 2p_z$）が存在する。上述のフントの規則によると，$1s^2 2s^2 2p_x^1 2p_y^1$ と表すことができる。ここで注意してほしいのは，$2p_x$, $2p_y, 2p_z$ の x，y，z に優先順位はなく，$2p_x^1 2p_z^1$ や $2p_y^1 2p_z^1$ としても同じことである。一般にアルファベット順に書いたほうがわかりやすいので，$2p_x^1 2p_y^1$ としている。続けると

N：$1s^2 2s^2 2p_x^1 2p_y^1 2p_z^1$

O：$1s^2 2s^2 2p_x^2 2p_y^1 2p_z^1$

F：$1s^2 2s^2 2p_x^2 2p_y^2 2p_z^1$

Ne：$1s^2 2s^2 2p_x^2 2p_y^2 2p_z^2$

となる。ここで $1s^2$ や $2p_z^2$ など，電子が 2 個入っている場合，ペアー（対）になっているといわれ，$1s^1$ や $2p_y^1$ など，1 つの軌道に電子が 1 個だけ入っている場合，**不対電子**（unpaired electron）と呼ばれる。**電子対**（electron pair）や不対電子という考えは，化学反応性などを議論するときに重要な概念となる。

1.3 イオン化エネルギーと電子親和力

各元素の性質を数値でみてみよう。化学は物質を扱う学問であるが，物質の性質には何が思い浮かぶであろうか？燃えやすい，水に溶けやすい，電気を流しやすいなどであろうか？まず，燃えるというのは，酸化されるということで

16　1.　原　　　　　子

あり，酸化の定義は，「酸素と結びつく」，「水素を失う」，「電子を失う」と決められている。

　この中で「電子を失う」に着目すると，電子が奪われやすい原子は，酸化されやすいといえる。電子を奪うために必要なエネルギーを表す物理量に「イオン化エネルギー」がある。逆に還元されやすいということは，「酸素を失う」，「水素を得る」，「電子を得る」と定義されている。「電子を得る」に着目すれば，電子が与えられたとき，その電子を安定化する能力が高い（電子を得たとき，より多くのエネルギーを放出する）原子であるといえる。すなわち，その元素は還元されやすいといえる（水に溶けやすい，電気を流しやすいなどの性質については，いろいろ複雑なのでここでは触れないでおく）。元素の性質を考えるうえで，電子がもつエネルギーについて議論することは重要である。電子のエネルギーに関する物理量として，次の2つが特に重要である。

イオン化エネルギー（ionization energy）
気体状態の原子（真空中に原子が1つあると考えてほしい）から，電子を1個取り去って，一価の陽イオンにするために最低限必要なエネルギー。

　上記のような中性原子を一価の陽イオンにする場合について第一イオン化エネルギーと呼ぶが，一般に，イオン化エネルギーというと第一イオン化エネルギーを指す。また，一価の陽イオンからさらに2個目の電子を取り去る場合，第二イオン化エネルギーと呼ぶ。固体表面から電子を取り去る場合，**仕事関数**（work function）と呼ばれる物理量があり，電極反応で電子を取り去る場合には，酸化還元電位（酸化電位，8章参照）と呼ばれる物質量があるが，似て非なるものなので，注意が必要である。

　上述のボーアモデルでは，水素のもつ電子のエネルギーを計算した。このとき，$n=1$として計算された値の絶対値は，イオン化エネルギーの理論値といえる。このモデルでは，真空中に水素原子が1つある場合の電子のエネルギー（運動エネルギーと位置エネルギーの合計）を計算していた。電子は，水素の原子核（すなわち1つの陽子）によって束縛されているため，エネルギー値の

符号はマイナスとなっている。この電子に外部からエネルギーを与え，エネルギー値がゼロになったとき，電子は，原子核の束縛から解き放たれ，自由電子になったことを表している。現在では，量子化学計算を行うソフトウエアがいろいろ開発されており，原子のイオン化エネルギーのほか，ある程度複雑な分子をイオン化するために必要なエネルギーも同様の考え方で精度よく計算することができる。

電子親和力（electron affinity）
気体状態の中性原子に電子を1個与えたときに放出されるエネルギー。

　上記のイオン化エネルギーは，電子を奪うために必要なエネルギーであるので，電子を奪いにくい元素でも力ずくで電子を奪えば数値を求めることができる。一方，電子親和力は，電子を受け取りにくい元素の場合，測定が困難であり，ゼロやマイナスとみなされるときもある（後述の表1.1参照）。

1.4　有効核電荷

　元素の性質は，電子の数と配置でほとんど決まると説明したが，原子核の正電荷がそれを決めるうえで重要である。また，化学反応が起きるとき，原子の酸化や還元が起こる場合，最外殻の軌道（に存在する電子）が重要である。最外殻に存在する電子に働く原子核からの引力は，イオン化エネルギーや電子親和力を決める重要な力といえる。原子核のもつ正電荷は，原子番号（陽子数）で決まるが，実際に最外殻にある電子が感じる電荷は，それよりも小さい。それは，内殻電子から反発力を受けるためで，引力と反発力を合計した力が電子に及んでいるからである。これは，原子核の正電荷による引力が**内殻電子**（inner shell electron）によって遮蔽されているとみなすことができる（**図1.7**）。そこで，電子が実際に感じる原子核の正電荷を意味する**有効核電荷**（effective nuclear charge）Z_{eff} が次式で定義される。

$$Z_{eff} = Z - \sigma_s \tag{1.14}$$

図1.7 原子核から電子への引力における内殻電子による遮蔽の効果

ここで，Z は原子番号，σ_s は，**遮蔽定数**（shielding constant）と呼ばれる内殻電子などの数で決まる定数である。

σ_s は，次のような**スレーター則**（Slater's rules）による経験式を用いて計算することができる。

対象とする電子（正電荷を受ける電子）が s, p 軌道のとき
1) より外側の殻（主量子数 n が大きい軌道）に存在する電子の影響は無視する。外側の殻に電子がいくつあってもゼロとする。
2) 同じ殻（n が同じ軌道）に存在する電子の数に 0.35 をかける（ただし，1s 軌道のみの場合，すなわち He の場合は，0.30 とする）。
3) 1つ内側の殻（$n-1$ の軌道）の電子数に 0.85 をかける。
4) さらに内殻（$n-2$ とそれよりも内側の軌道）に電子があれば，それらの電子数の合計に 1 をかける。

上記の数値を合計したものが遮蔽定数 σ_s となる。また，対象とする電子が d または f 軌道にあれば
5) より外側の殻に存在する電子の影響は無視する。
6) 同じ殻に存在する電子数に 0.35 をかける。
7) 内殻に存在する電子数を合計し，1 をかける。

以上を合計したものが遮蔽定数 σ_s となる。なお，この計算方法は，原子番号が比較的小さい元素に対して有効であることに注意してほしい。

ここで，BE(A-B)，BE(A-A)，BE(B-B) は，原子 A と B の結合エネルギー，原子 A どうしが結合している場合と原子 B どうしが結合している場合のそれぞれの結合エネルギーである。すなわち，ΔBE は，A-B の結合エネルギーと A-A，B-B の結合エネルギーの平均値との差を表している。このとき，算術平均ではなく，かけてから平方根をとる幾何平均が用いられている。これは，算術平均では，ΔBE が負になる場合があるためである。この考えの基本は，A と B に電子を引き付ける力に差があれば，静電気的な引力によって結合力が強まり，A-A と B-B の結合エネルギーの平均値よりも A-B の結合エネルギーが強くなるということである。求める電気陰性度は

$$|\chi_{PA} - \chi_{PB}| = 0.208\sqrt{\Delta BE} \tag{1.18}$$

で表される。ここでχ_{PA} とχ_{PB} は，ポーリングの定義による元素 A と B の電気陰性度である。ここまでの計算では，「電気陰性度の差」しか直接求めることができない。しかし，A と B のどちらの電気陰性度が高いかということは，別の方法（例えばマリケンの定義）で知ることができる。また，第 2 章の周期表を見ると順番くらいは推定できる場合もある。なお，この式（1.18）で使われている 0.208 という数値は，結合エネルギーの単位を kJ mol^{-1} としたとき，水素の電気陰性度が 2.20 になるように選ばれた数値である。

　電気陰性度の定義は知っておく必要があるが，自分で計算する必要はない。研究などを行う際には，文献に書かれた数値を探せば十分であり，間違いがない。本書にも代表的な元素の電気陰性度の値を載せる（**表 1.1**）。

22   1. 原   子

表1.1 各元素の第一イオン化エネルギー（*IE*），電子親和力（*EA*），
ポーリングの定義による電気陰性度（χ_P）

原子番号	元素	*IE* eV	*EA* eV	χ_P	原子番号	元素	*IE* eV	*EA* eV	χ_P
1	H	13.60	0.75	2.20	53	I	10.45	3.06	2.66
2	He	24.59	-0.5		54	Xe	12.13	-0.8	2.60
3	Li	5.32	0.62	0.98	55	Cs	3.89		0.79
4	Be	9.32	～0	1.57	56	Ba	5.21		0.89
5	B	8.30	0.28	2.04	57	La	5.58		
6	C	11.26	1.26	2.55	58	Ce	5.47		
7	N	14.53	-0.07	3.04	59	Pr	5.42		
8	O	13.62	1.46	3.44	60	Nd	5.49		
9	F	17.42	3.40	3.98	61	Pm	5.55		
10	Ne	21.56	-1.2		62	Sm	5.63		
11	Na	5.14	0.55	0.93	63	Eu	5.67		
12	Mg	7.64	～0	1.31	64	Gd	6.14		
13	Al	5.98	0.44	1.61	65	Tb	5.85		
14	Si	8.51	1.38	1.90	66	Dy	5.93		
15	P	10.48	0.75	2.19	67	Ho	6.02		
16	S	10.36	2.08	2.58	68	Er	6.10		
17	Cl	12.97	3.62	3.16	69	Tm	6.18		
18	Ar	15.76	-1.0		70	Yb	6.25		
19	K	4.34	0.50	0.82	71	Lu	5.42		
20	Ca	6.11	0.02	1.00	72	Hf	6.65		
21	Sc	6.54			73	Ta	7.89		
22	Ti	6.82			74	W	7.89		
23	V	6.74			75	Re	7.88		
24	Cr	6.76			76	Os	8.71		
25	Mn	7.44			77	Ir	9.12		
26	Fe	7.87			78	Pt	9.02		
27	Co	7.88			79	Au	9.22		
28	Ni	7.64			80	Hg	10.44		
29	Cu	7.72			81	Tl	6.11		2.04
30	Zn	9.39			82	Pb	7.42		2.33
31	Ga	6.00	0.30	1.81	83	Bi	7.29		2.02
32	Ge	7.90	1.2	2.01	84	Po	8.42		
33	As	9.81	0.81	2.18	85	At	9.64		
34	Se	9.75	2.02	2.55	86	Rn	10.75		
35	Br	11.81	3.36	2.96	87	Fr	4.15		
36	Kr	14.00	-1.0	3.00	88	Ra	5.28		
37	Rb	4.18	0.49	0.82	89	Ac	5.17		
38	Sr	5.70	0.05	0.95	90	Th	6.08		
39	Y	6.38			91	Pa	5.89		
40	Zr	6.84			92	U	6.19		
41	Nb	6.88			93	Np	6.27		
42	Mo	7.10			94	Pu	6.06		
43	Tc	7.28			95	Am	5.99		
44	Ru	7.37			96	Cm	6.02		
45	Rh	7.46			97	Bk	6.23		
46	Pd	8.34			98	Cf	6.30		
47	Ag	7.58			99	Es	6.42		
48	Cd	8.99			100	Fm	6.50		
49	In	5.79	0.3	1.78	101	Md	6.58		
50	Sn	7.34	1.2	1.96	102	No	6.65		
51	Sb	8.64	1.07	2.05	103	Lr	4.60		
52	Te	9.01	1.97	2.10					

章　末　問　題　　23

ま　と　め

・原子の構造：原子核（陽子と中性子），電子
・各軌道の形：s軌道，p軌道，d軌道
・各量子数：主量子数，方位量子数，磁気量子数，スピン量子数
・ボーアモデルの概要
・有効核電荷と遮蔽定数
・イオン化エネルギー
・電子親和力
・電気陰性度：マリケンの定義，オールレッド–ロコウの定義，ポーリングの定義

章　末　問　題

1. 元素と原子の違いを説明せよ。
2. ボーアモデルを用いて，水素ガスに放電したときに観測される紫外線の波長を計算せよ。
3. 量子化学入門で，紐状の物質を想定した。紐が長くなると，物質が吸収する光の波長はどうなるか？（長くなるか？短くなるか？）
4. 酸素原子とフッ素原子の最外殻電子が感じる有効核電荷を計算せよ。
5. 次の物質は，下記の（A）〜（D）のどの状態に分類されるか？
   ^{12}C，天然のグラファイト，^{12}Cだけで構成されるダイヤモンド，
   ^1H，$^1H_2$，$^2H_2$
   （A）原子　（B）元素しての炭素　（C）元素としての水素　（D）水素原子
6. 水素原子とヘリウムイオン（He^+）では，イオン化するために必要なエネルギーはどちらが大きいか？また，どちらのほうが何倍大きいか計算せよ。なお，水素以外の原子では，式（1.4）におけるe^4には，Z^2e^4が代入される。ここで，Zは，原子番号である。
7. リンと硫黄の電子配置を書け。また，それぞれがもつ不対電子の数を予測せよ。
8. 酸素の電気陰性度をマリケンの定義により計算せよ。

2. 周 期 表

2.1 周期表とは

　図 2.1 に示す周期表は，化学者のバイブルとも呼ばれる。もし，卒業研究や大学院の研究で行き詰ったとき，無機化学に少しでも関連する研究テーマであれば，周期表を眺めながら考えると良いアイデアが思い浮かぶかもしれない。

　　　　　□　天然に安定同位体が存在する元素
　　　　　■　天然に存在するが安定同位体が存在しない元素（天然に存在するのは原子番号 94 まで）

図 2.1　周　期　表

2.1.1　現代の周期表，周期と族

　現代の周期表は，7 個の行（**周期**，periodicity）と 18 個の列（**族**，group）の表になっている。周期番号は，元素の**最外殻電子**（peripheral electron）が存在する軌道の主量子数に等しい。族の数である 18 は，s 軌道（2 個）と p 軌

道（6個），d軌道（10個）に入る電子数の合計に等しい。第1周期は，水素とヘリウムの2種類であるが，$n=1$の軌道は，1s軌道だけであり，1s軌道は電子を2個までしか収容できないことに対応している。

　第2，第3周期では，8種類の元素があるが，s軌道に収容される電子数2個とp軌道に収容される電子数6個の合計8個に対応している。これらの周期の元素では，s軌道とp軌道にだけ電子をもっている。

　第4および第5周期では，元素数は18種類ずつあるが，s，p軌道に加えてd軌道にも電子をもつようになり，d軌道に収容される電子数10個をs，p軌道に収容される電子数に追加して18個となることに対応している。なお，第6および第7周期の，ランタノイド，アクチノイドについての詳細は，欄外に記載されている。これらランタノイドとアクチノイドの欄には，それぞれ15種類の元素が書かれている。この15という数字は，f軌道に収容される電子数が14個であることから，f軌道に電子をもつ元素14種類を元々この欄に入るf軌道に電子をもたない元素1個に追加したことを意味している（14個無理やり追加された）。なぜ，ランタノイドとアクチノイドを欄外に記すかというと，そのほうがシンプルに周期表を1枚の紙にまとめやすいという理由である。

2.1.2　周期表とブロック分類

　周期表では，原子番号順に元素が並べられており，右隣の元素は電子を1個多くもっている。その電子が入る軌道の種類によって**図2.2**のように**ブロック**（block）に分けることができる。これを**ブロック分類**（block sort）と呼ぶ。第1〜2族がsブロック，第3〜12族がdブロック，第13〜18族がpブロックである。また第6および第7周期の第3族がfブロックである。各ブロックの中では，原子番号の増減に伴って出し入れされる電子がどの軌道に所属しているのかを示している。ブロックが示す軌道の記号は，その元素の性質を決める最先端にいる電子の軌道を表している。

　また，周期表では，**典型元素**（typical element）と**遷移元素**（transition

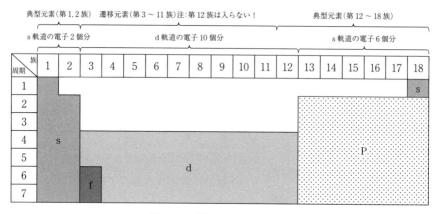

図 2.2 周期表のブロック分類

element) という分類がある。典型元素は，d 軌道または f 軌道に電子をもたないか，または満員となっている元素である。一方，d 軌道または f 軌道のいずれかに中途半端な数（1 個以上で満員ではない）の電子をもつ元素を遷移元素と呼ぶ。

　典型元素について簡単に説明する。s 軌道と p 軌道の電子だけが最外殻電子になるということを 1 章で述べた。d 軌道と f 軌道は内殻となるわけである。d 軌道と f 軌道に電子をもたなければ，これらの軌道の電子は，元素の性質に影響しない。また，d 軌道と f 軌道が満員であっても，これらの電子は身動きが取れないため，あまり元素の性質に影響しないと考えられる。したがって，典型元素の性質は，最外殻である s 軌道と p 軌道の電子によってほとんど決まるといってよい。

　一方で，第 12 族を除く d ブロックおよび f ブロック元素は，これらの軌道に中途半端な数の電子をもち，軌道の中で電子が動く（これを遷移と呼ぶ）ことができる。d 軌道や f 軌道の電子が可視光線を吸収して遷移すると色がついて見えることが多い。また，d 軌道や f 軌道に中途半端な数の電子が存在すると磁性を示す場合がある。鉄は，磁性体としてよく知られているが，d 軌道の電子スピンによる。また，ランタノイドの元素のネオジムなどは，強力な磁性体であるが，f 軌道の電子スピンのためである。

2.2 周期表と元素の性質

　周期表を眺めると，元素の性質の周期性が見えてくる。これまでに述べた性質の他に，元素の性質として重要な性質について，まず説明する。

2.2.1 原子半径

　周期表と元素の性質を考える前に，原子やイオンの大きさの決め方について考えてみよう。大きさを決めるためには，結合の概念が出てくる。**化学結合**（chemical bond）については，3 章で述べるので先に読んでもよい。

　原子の大きさ（**原子半径**（atomic radius））の定義には，**共有結合半径**（covalent bond radius）と**金属半径**（metallic bond radius）という概念がある。原子は，球状の形をしていると古来より考えられており，近年の分析技術の発達によってその予測が正しかったことが証明されている。そこで，球の半径が原子のサイズを表す尺度になる。この球の大きさが実は難しい。1 章で述べたように，ボーアモデルでは，原子核を中心として電子が円運動している軌道の半径という概念が出てくる。実際に，水素原子の電子軌道の半径について計算してみると，はっきりとした円ではなく，霧が広がったようなイメージである。どこまでいったら霧が晴れるのかわからない。厳密には，電子が発見される確率は，原子核からどこまで離れてもゼロにはならない。これを解決する方法として，例えば，最外殻電子が発見される確率が 95％ となるところまでの距離を半径とするような考え方もありそうだが，これを決めるのは実は結構難しい。また，大きさを知るためには，例えば日常では定規を使う。このように，原子も実際に測定できるとすっきりする。

　そこで，考えられたのが，**図 2.3** に示す共有結合半径と金属半径である。まず原子は球状であるから，結合している物質では，原子の球が触れ合っていると考えることができる。結合距離は，原子の中心（すなわち原子核）どうしの距離とみなすことができる。**結合距離**（bond distance）は，分析技術の発達

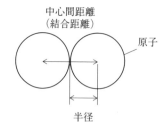

図 2.3 原子半径と結合距離 (原子は完全な球形であり,接しているのは同じ種類の原子とする)

により,例えば**エックス線** (x-ray) を使えば測定することができる。そして,測定された結合距離の半分が原子の半径と考えることができる。共有結合半径は,同じ種類の元素が結合しているもの,すなわち単体 (酸素分子や窒素分子,炭素など) で結合距離を測定し,2で割った数値である。また,金属半径は,同一元素で構成される金属の結晶 (これも単体) において,結合距離 (隣り合う原子の距離) を測定し,2で割った数値である。

$$共有結合半径 = \frac{共有結合の結合距離}{2} \tag{2.1}$$

$$金属半径 = \frac{金属結晶の結合距離}{2} \tag{2.2}$$

2.2.2 イオン半径

イオンも原子同様,球状であると考えられるので,イオンの大きさの指標である**イオン半径** (ionic radius) も原子半径と同じ考え方で求められる。しかし,少し工夫が必要である。3章で説明するが,イオンは,陽イオンと陰イオンが隣り合うことで結合している (**図2.4**)。陽イオンと陰イオンは当然異なる物質なので,大きさも異なる。結合距離がわかっても2で割って,それぞれの大きさを求めることはできない。そこで,何か基準となるイオンを持ち出して,その大きさを引くことで他方のイオンの半径を求める方法が用いられる。現在では,酸化物イオン (O^{2-}) の半径を 140 pm とした基準がよく用いられる。陽イオンと酸化物イオンで構成される酸化物のイオン間距離がエックス線を用いて測定されたとして,そこから酸化物イオンの半径を引けば,陽イオン

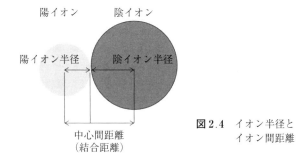

図 2.4 イオン半径とイオン間距離

の半径が求められる。こうして求めた陽イオンの半径を使い，その陽イオンが酸化物イオン以外の陰イオンと結合している物質のイオン間距離を測定することで，他の陰イオンの半径を求めることができる。これを繰り返すことで，さまざまなイオンの半径を求めることができる。ただし，この方法は，後述する同じ結晶構造に限るという制約がある。

2.2.3 周期表と原子，イオンの大きさ

周期表の元素において，原子半径やイオン半径に着目すると次の傾向がみられる。まず，同族で原子番号が増加する場合（周期が大きくなる場合，すなわち上から下への位置関係），原子半径やイオン半径は大きくなっていく（図

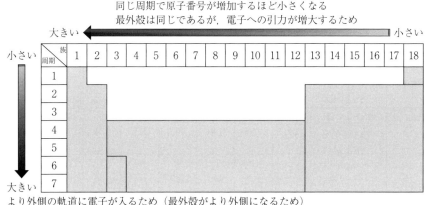

図 2.5 原子半径とイオン半径の周期性（概要）

30   2. 周　期　表

2.5)．周期番号が大きくなると，より外側の最外殻へ電子が入るため，原子や
イオンが大きくなることは直感的に理解できる．次に，同周期で原子番号が増
加するとき（族番号が大きくなる場合，すなわち左から右側への位置関係），
原子半径やイオン半径は小さくなっていく．厳密には，単調に小さくなるわけ
ではないが，左から右へ移ると，全体として小さくなる傾向がある．同じ周期
である場合，最外殻は同じである．原子番号が増加すると原子核の陽子数が増
える．すなわち，正電荷が大きくなるので最外殻電子へ働く引力が強くなり，
内側へ引き付けられるために小さくなると考えることができる．

2.2.4　ランタニド（ランタノイド）収縮

　第6周期でランタノイドに続く元素に注目してみよう．1つ上の周期に比べ
ると，むしろ小さい場合やあまり変わらないことがわかる（**表2.1**）．また，

表2.1　原子半径とイオン半径の周期性（抜粋）

族 周期	1	2	3	4	5	6	7	8	9	10
1	H 37									
2	Li 152 76	Be 112 45								
3	Na 186 102	Mg 160 72								
4	K 230 138	Ca 197 100	Sc 162	Ti 146	V 134	Cr 128	Mn 137	Fe 126	Co 125	Ni 125
5	Rb 247 152	Sr 215 118	Y 180	Zr 160	Nb 146	Mo 139	Tc 135	Ru 134	Rh 134	Pd 137
6	Cs 267 167	Ba 222 135		Hf 158	Ta 146	W 139	Re 137	Os 135	Ir 136	Pt 139

上段：元素記号，中段：原子半径（共有結合半径または金属半径）(pm)，下段：イオン半径
(pm)．第1族のイオンは+1，第2族のイオンは+2，イオンはいずれも6配位の場合

ランタノイド元素の原子半径やイオン半径は、原子番号の増加に伴い、顕著に小さくなる。これらの現象を**ランタニド（ランタノイド）収縮**（lanthanide (lanthanoid) contraction）と呼ぶ。ここで、ランタノイドとランタニドの用語の違いは、ランタンを含むか含まないかである。ランタノイド（15種類）は、「ランタンとその仲間」を指し、ランタニド（14種類）は、ランタンを含まない「ランタンと似ている仲間」を指す。ランタノイドでは、原子番号の増加に伴い、f軌道の電子数が増える。陽子数が増えると原子核からの引力が増強されるが、電子も増えるので遮蔽効果によってある程度は引力の増大は抑えられる。しかし、f軌道の電子は遮蔽効果が小さい。その理由は難しいが、少々乱暴に簡単な説明をすると、f軌道の形は複雑であるため、「ざる」のように隙間が多く、遮蔽効果がシンプルな形の軌道に比べると小さいといえる。ランタニド（ランタノイド）収縮を簡単にまとめると、「f軌道の遮蔽効果が小さいことに起因し、ランタノイドの原子半径やイオン半径は、原子番号増加に伴い、目立って小さくなる。また、その影響で第6周期第4族からの元素も同族の第5周期元素に比べて、原子半径やイオン半径があまり大きくならない。」といえる。

2.2.5 周期表とイオン化エネルギー、電子親和力、電気陰性度

周期表を眺めながら、イオン化エネルギーと電子親和力の周期性を考えてみよう。イオン化エネルギーは、同じ周期であれば、左側（族番号が小さいほう）で小さくなる傾向がある（**図2.6**）。すなわち、イオン化されやすい。同じ周期であれば、取られる電子は、同じ最外殻からである。その電子に働く原子核からの引力は、周期表で左側のほうが原子番号は小さく陽子数が少ないため、弱いことで説明できる。逆に右側（原子番号が大きくなる向き）では陽子数が増え、引力が増すためにイオン化エネルギーが大きくなる。細かくみると、第2周期では、ベリリウム（Be）とホウ素（B）で比べると左側のベリリウムのほうが大きい。これは、ベリリウムでは、最外殻電子は、s軌道だけであるが、ホウ素では、p軌道に電子が入るためである。s軌道よりもp軌道の

32   2. 周 期 表

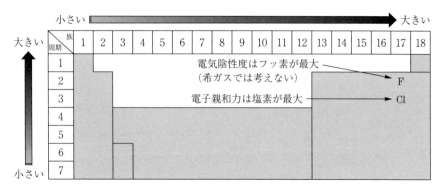

図 2.6　イオン化エネルギーと電子親和力の周期性の概要
（単調に増減するわけではなく，逆転している箇所も複数ある）

エネルギー準位が高いため，このような逆転が起こる。また，窒素（N）と酸素（O）でも逆転が起こっている。窒素では，3つのp軌道に別々に電子が入っているが，酸素では，同じp軌道に相席する電子ができるため，電子間の反発のためにイオン化エネルギーが小さくなる。

　同族で，周期番号が大きくなるとイオン化エネルギーは小さくなっていく。より外側の軌道が最外殻になるので電子を取るために必要なエネルギーが小さくなることで説明できる。電子親和力についても同様に考えて説明できる。周期表における電子親和力と電気陰性度の変化もイオン化エネルギーと同じ傾向である。すなわち，電子親和力は，同族では原子番号の増加に伴い小さくなり，同周期では，原子番号が増加すると大きくなる。電子親和力は，電子を受け取るときに放出されるエネルギーであるため，電子を受け入れる軌道が原子核から遠ざかると，原子核からの引力による電子の位置エネルギー低下の度合いは小さくなる。電気陰性度は，マリケンの定義によるとイオン化エネルギーと電子親和力の両方の大きさに依存する。同族で周期番号が大きくなるとこれらの両方が小さくなるため，電気陰性度も同様に小さくなる。一方，同じ周期で原子番号が増加する場合，例外もあるが電気陰性度は大きくなる傾向がある。この理由は，原子半径が小さくなり，原子核の正電荷も大きくなるためである。同族で周期番号が大きくなると，イオン化エネルギーと電子親和力の両

方が大きくなる傾向があるため，電気陰性度も同様に大きくなる傾向がある。これらの周期性は，5章および6章で元素の各論を学ぶときにも重要である。

2.3 周期表と元素の存在状態

元素の存在や状態はさまざまである。宇宙全体でみると周期表の上のほうの元素の存在量が多く，地球上でみてもだいたい同じような傾向がある。まず初めに水素が生成し，その後，重い元素が作られたと考えられている。ただし，地表では軽い水素（水素分子）はあまり存在できず，化合物（おもに水）になった状態で存在している。地表付近における元素の存在量は，どこでも一定というわけでなく，地域によって異なっている。

周期表に元素の状態を書き込むとある程度の周期性が見えてくる（**図 2.7**）。常温常圧（25℃，1気圧を想定してみる）では，周期表で最も右側（第18族）では，すべて気体である。これらは，希ガスに分類されている（5章）。希ガスは，最外殻がすべて電子で満たされていて，単原子分子（原子1つでも安定）として存在できるためである。その他で気体となるのは，第1周期の水

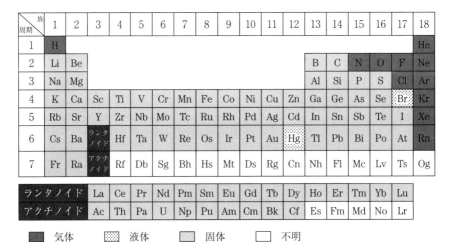

図 2.7 周期表と元素の存在状態（概要）

素，第2周期の窒素，酸素，フッ素と第3周期の塩素であり，周期表で上側の比較的軽い原子となる元素である。周期表で下側では，ほとんど固体であるが，第6周期の水銀が液体であるなど，例外もある。

高等学校の化学でも既習だが，元素の存在状態を復習してみよう。まず，単体である。同じ種類の元素どうしが結合した状態や，希ガスのような単原子分子である。異なる元素が結合している状態が化合物である。化合物は，**分子性化合物**（molecular compound）と**固体化合物**（solid compound）に大別できる。分子性化合物は，構成している原子の数が決まっている物質である。例えば，二酸化炭素は，2つの酸素原子と1つの炭素原子で構成されている。固体化合物は，構成している原子の組成（比）は，一定であるが，数は一定でない物質といえる。例えば，二酸化ケイ素は，酸素原子2つとケイ素原子1つの割合で結合して形成されている固体であり，結晶となる。小さな結晶も大きな結晶も同じ二酸化ケイ素であり，組成は同じであるが，結晶を構成する原子数は異なる。体積が2倍であれば，構成している原子数も2倍になっているはずである。

なお，同じ比率と書いたが，組成が一定になる化合物を**ダルトナイド化合物**（daltonide compound）と呼ぶ。これは，**定比例の法則**（law of definite proportions）を提唱した**ドルトン**（Dalton）の名前にちなむ。一方で，固体化合物の中には，定比例の法則が成り立たない物質も存在する。フランスの化学者ベルトレ（Berthollet）の名前にちなみ，**ベルトライド化合物**（berthollide compound）と呼ばれる。結晶中の欠損などのために組成がきれいな整数にならない化合物のことである。**不定比化合物**（nonstoichiometric compound）や非化学量論的化合物とも呼ばれる。

ま　と　め

・現代の周期表
・周期表におけるブロック分類
・原子とイオンの大きさの決定法

章 末 問 題　35

・周期表におけるイオン化エネルギー，電子親和力の変化の傾向

・元素の常温常圧における状態

章 末 問 題

1. 周期表に元素記号を書き込んでみよう。

族 周期	1	2	3	4	5	6	7	8	9	10	11	12	13	14	15	16	17	18
1																		
2																		
3																		
4																		
5																		
6																		
7																		

2. 周期表の同一周期において，イオン化エネルギーが大きいのは第1族元素と第17族元素のどちらであるか？その理由も考えてみよう。

3. 関連して，周期表の同一周期において，電子親和力が大きいのは第1族元素と第17族元素のどちらであるか？その理由も考えてみよう。

4. 同一周期では，原子番号の増加に伴って，原子やイオンの大きさは，どのように変わる傾向があるか？

5. 同じ族では，原子番号の増加に伴って，原子やイオンの大きさは，どのように変わる傾向があるか？

3. 固体の形成

3.1 凝集力

ほとんどの物質は，原子の結びつきで形成されている。**真空中**（vacuum, in vacuo）などの特殊な条件を除き，単独で存在できる原子は，希ガスだけである。原子どうしの結びつきにより，物質の機能が発現し，生命も誕生した。このような結びつきの源となる力を**凝集力**（cohesive force）という。さらには，原子も原子核と電子の結びつきがあり，原子核も素粒子の結びつきであるが，ここでは，原子や分子の凝集力を扱う。原子や分子の凝集力は，すべて**静電気力**（**電磁気相互作用**）（electrostatic force）による。凝集の仕方には，いくつかのパターンがある。

この章では，原子の結びつきによる固体形成に主眼をおき，**金属結晶**（metal crystal），**イオン結晶**（ionic crystal），**分子結晶**（molecular crystal）における結合と**水素結合**（hydrogen bond）の原理となる凝集力について解説する。**共有結合**（covalent bond）については，分子性化合物の説明の際に，概要だけを述べ，詳細については，4章の分子軌道法で扱う。なお，固体化学については，7章で扱う。

3.2 共有結合と分子性化合物

共有結合とは，原子と原子が電子を共有して形成される結合である。結合している原子間の中心に電子が集中して配置され，静電気力で原子どうしを結び付けているといえる。特定の原子どうしがしっかりとした骨格でつながれてい

るイメージである。共有結合で構成される規則正しく原子が配列した固体を**共有結合結晶**（covalent bond crystal）と呼ぶ。炭素の**結晶**（crystal）である**ダイヤモンド**（diamond）や**グラファイト**（graphite）は，共有結合結晶である。複数の原子が結合して構成されている物質を分子と呼ぶ。原子単独でも分子と呼ばれる希ガスは例外といえる。共有結合の詳細な説明は4章で行う。3章では，共有結合の概要の説明だけにとどめる。

　ところで，分子性化合物とは，構成している元素の種類と数が決まっている，すなわち，最小単位が決まっている化合物である。例えば，**二酸化炭素**（CO_2）（carbon dioxide）は，分子性化合物であるが，炭素1個と酸素2個から構成されている。後述する**二酸化ケイ素**（SiO_2）（silicon dioxide）は，ケイ素と酸素が1：2の組成で構成されているが，その数は決まっていない。非常に多くのケイ素原子と酸素原子が共有結合でつながった結晶である。したがって，SiO_2は，大きさが決まっていない固体化合物となり，分子性化合物とは呼ばれない。なお，CO_2は，低温では固体（ドライアイス）となることが知られている。CO_2分子どうしは，共有結合ではなく，後述する**分子間力**（intermolecular force）で凝集している。

3.3　金属結合と金属結晶

　最外殻電子数が1～3個と比較的少ない元素も大きな結晶を形成する。その原理は，原子の本体（陽イオンに近い）が規則正しく並び，すべての最外殻電子を結晶内で並んでいるすべての原子で共有することによる。このような結合を金属結合と呼ぶ。原子の本体は，正電荷をもつため，それだけでは反発力のため分解してしまうが，負電荷をもつ電子に取り囲まれるため，全体の構造を維持できる。このように原子が規則正しく並んだ状態を結晶と呼ぶ。規則正しく並んだ陽イオンの骨格が電子の海に浸っている様子をイメージしてもよい。電子は陽イオンの骨格の周りを液体のように自由に動き回れるというイメージから，**自由電子モデル**（free electron model）と呼ばれる。

金属結晶は柔らかく，**展性**（malleability）（たたくと薄く広がる性質）と**延性**（ductility）（引っ張ると延びる性質）をもつが，このような特徴は，自由電子モデルで説明できる。また，熱や電気のエネルギーによって電子を自由に動かすことができるため，金属結晶は，熱や電気の伝導性が高いことが説明できる。さらに，金属表面に照射された光は，自由電子によってはじかれるというイメージで鏡のような光の反射が説明できる。金属結晶のこのような性質は，自由電子モデルのほか，4章で述べるバンド理論によっても説明することができる。

3.4 最密充填構造

金属結晶は，同じ大きさの金属原子の粒子（球）ができるだけ隙間が小さくなるように配列する。このような隙間が最も小さい整列のパターンを**最密充填構造**（close-packed structure）と呼ぶ。最も隙間が小さい粒子の並び方は，平面では，一直線上に粒子を並べ，その窪んだ部分に粒子をはめ込んでいく方法である（図 3.1）。この平面の上に立体的に配置するやり方には 2 通りある。図 3.1 で第 2 層目の上に第 3 層目の粒子を乗せるとき，図の点線の部分のどち

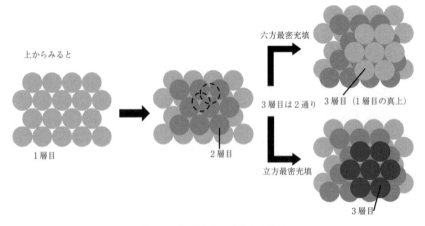

図 3.1　金属結晶の最密充填構造

らかに粒子を乗せるともう片方には乗せることができない。

その結果，最密充填構造には，次の2つのパターンが可能となる。まず，**六方最密充填構造**（hexagonal closest packing, hcp）は，第3層目の粒子が第1層目の粒子の真上に位置する。したがって，粒子の立体的な位置には2種類の層ができる。また，粒子の配置のもう一つのパターンでは，第4層目の粒子が第1層目の真上にくる。このとき，粒子の立体的な位置が異なる3種類の層ができることになる。最密充填構造を横からみた様子を**図3.2**に示す。このような構造を**立方最密充填構造**（cubic closest packing, ccp）と呼ぶ。立方最密充填構造は，**面心立方格子**（face-centered cubic lattice）である。立方体の6面に粒子が半分ずつ収まり，8つの角に粒子の体積1/8ずつが収まる。したがって，格子の中に占める粒子の体積は，粒子4個分となる。この粒子が占める体積の割合を充填率と呼び，最密充填構造の場合，六方最密充填構造，立方最密充填構造いずれもおよそ74%となる。

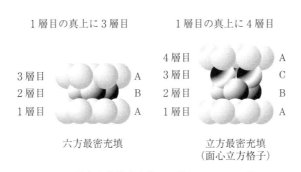

図3.2 最密充填構造を横から見たパターンの違い

最密充填した粒子の隙間には次の2通りがある。まず，4個の粒子で囲まれた**正四面体**（regular tetrahedron）のような形の隙間ができる（**図3.3**）。これを T_d 孔と呼ぶ。また，6個の粒子に囲まれた**正八面体**（regular octahedron）のような形の隙間ができる。これを O_h 孔と呼ぶ。金属結晶では，**合金**（alloy）ができる場合，まず大きいほうの金属原子が最密充填構造を形成し，これらのいずれかの隙間に異種（小さいほう）の金属原子が入るタイプも知られてい

40   3. 固 体 の 形 成

 4個の粒子の隙間 正四面体のような形 の隙間ができる
T_d孔

 6個の粒子の隙間 正八面体のような形 の隙間ができる
O_h孔

図3.3　最密充填した粒子の隙間

る。これを侵入型合金，または**侵入型固溶体**（interstitial solid solution）と呼ぶ。

また，最密充填構造ではないが，**体心立方格子**（body-centered cubic lattice, bcc）も重要な結晶構造である（**図3.4**）。粒子どうしの隙間は，できるだけ小さいほうが安定と考えられると述べたが，原子どうしはあまり接近しすぎると電子雲による斥力も働くので，ある程度距離を取ったほうが安定な場合もある。そこで，アルカリ金属など，一部の金属では，最密充填よりも少し隙間が大きい結晶構造である**体心立方格子構造**（body-centered cubic lattice structure）を形成する場合がある。体心立方格子では，1つの格子（図の立方体）の中に2つ分の粒子が入っている。立方体の中心に1つの粒子と各8つの角に粒子の1/8の体積が収まっており，立方体の中に含まれる粒子の体積は，合計2つ分と計算される。なお，8つの角の粒子は，中心の粒子と接しているとみなすことができる。体心立方格子の充填率は，およそ68%である。

図3.4　体心立方格子構造

3.5　イオン結合

イオン結晶のモデルは，正電荷をもった粒子（陽イオン）と負電荷をもった粒子（陰イオン）が規則正しく並び，**イオン結合**（ionic bond）すなわち静電

気力によって引き付けあって安定化した状態といえる。電気陰性度に大きな差がある元素どうしが接近すると片方は陽イオンに，もう片方は陰イオンになり，イオン結晶を形成すると考えることができる。一般に，金属元素は電気陰性度が小さく，陽イオンになりやすい。一方，ハロゲンや酸素は陰イオンになりやすい。金属とハロゲンや酸素の化合物の多くがイオン結晶のモデルで説明することができる。例として，塩化ナトリウム（NaCl）を考える。Na は電気陰性度が小さいため，電子を1個失い陽イオン（Na^+）になり，Cl は電子を1個受け取って陰イオン（Cl^-）になる。Na^+ と Cl^- の間には引力が働くが，Na^+ どうしや Cl^- どうしには斥力が働く。そのため，Na^+ と Cl^- が隣り合ってできるだけ距離を近くし，逆に Na^+ どうしや Cl^- どうしは距離を離すように配置される。

3.5.1 イオン結晶の構造

イオン結晶の立体構造について，もう少し詳しく考えてみよう。イオン結晶では，前述のように陽イオン（＋の電荷をもった粒子）と陰イオン（－の電荷をもった粒子）が，異符号イオンどうしに働く引力のほうが，同符号イオンどうしの斥力よりも大きくなるように整列して結晶を形成する。一般に，電子を多くもつため，陰イオンのほうが陽イオンよりも大きい。そこで，まず陰イオンが最密充填構造で整列し，その隙間に陽イオンが入るようなパターンで結晶ができる場合が多い。

上述の塩化ナトリウムなどの**岩塩型構造**（rock salt structure）では，塩化物イオン（Cl^-）が立方最密充填構造を取り，その隙間にナトリウムイオン（Na^+）が入る構造と考えることができる（**図3.5**）。イオン結晶の構造を論じるとき，**配位数**（coordination number）という用語が重要である。配位数とは，あるイオンと接している相方のイオンの数のことである。岩塩型構造の場合，陽イオンの周りの陰イオンの数は6であり，陽イオンと陰イオンが1:1で構成される結晶であることから，陰イオンの周りの陽イオンの数も6である。このとき，塩化ナトリウム型構造の配位数を (6,6) と記す。

塩化セシウム型構造（cesium chloride structure）と呼ばれる結晶構造の例

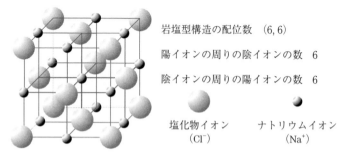

図 3.5 岩塩型構造（塩化物イオン（Cl⁻）が立方最密充填し，その隙間にナトリウムイオン（Na⁺）が入る構造）

として，塩化セシウム（CsCl）を例に説明する（**図 3.6**）。塩化物イオン（Cl⁻）が立方体の8個の頂点を占め，体心にセシウムイオン（Cs⁺）が入る構造である。セシウムイオンは，陽イオンの中でも比較的大きいので，塩化物イオンの隙間に入るというよりは，塩化物イオンが体心立方格子を形成し，その1つを置換するというイメージである。その他の有名な結晶構造として，**セン亜鉛鉱型構造**（zinc blend structure）（例，ZnS），**ウルツ鉱型構造**（wurtzite structure）（例，ZnO），**ホタル石型構造**（fluorite structure）（例，CaF$_2$），**ペロブスカイト型構造**（perovskite structure）（例，CaTiO$_3$），**ルチル型構造**（rutile structure）（例，TiO$_2$）などがあげられる。これらの結晶構造については，ここでは説明を省略し，7章で概要を述べる。

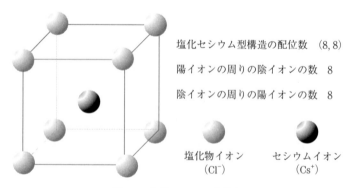

図 3.6 塩化セシウム型構造

3.5.2 イオン半径比と配位数

配位数はできるだけ大きいほうが,異符号のイオン間の接触が増えることを意味するので,全体的に引力が強くなり有利と考えられる。しかし,これには限度があり,イオンの大きさに差があると,大きな配位数は不可能である。なぜなら,小さいほうのイオンに大きなイオンがたくさん接近すると大きいイオンどうしの接触も起こってしまい,反発（斥力）が強くなってしまう（**図3.7**）。

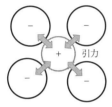 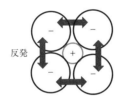 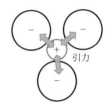

大きな配位数：陽イオンが大きく陰イオンとあまり変わらない場合　　陽イオンが小さいと,大きな配位数では反発（斥力）が大きい　　陽イオンが小さいとき,配位数を小さくすると安定化する

図3.7 各イオンの大きさと配位数の関係

イオンの大きさの指標として,**イオン半径比**（ionic radius ratio）が次式で定義されている。

$$\text{イオン半径比} = \frac{\text{陽イオン半径}}{\text{陰イオン半径}} \tag{3.1}$$

一般に陰イオンのほうが陽イオンよりも大きいため,イオン半径比は,小数になり,イオン半径比が1に近いと,配位数は大きくなる傾向があるといえる。結晶構造とイオン半径比の関係を**表3.1**に示す。各結晶構造の幾何学的に計算されるイオン半径比の理論値と配位数の関係をまとめる。

表3.1 各結晶構造で計算されるイオン半径比の理論値と配位数の関係と結晶の例

結晶構造の名称	イオン半径比	配位数	例
塩化セシウム型構造	0.732	(8, 8)	CsCl, CsBr
岩塩型構造	0.414	(6, 6)	NaCl, KCl
セン亜鉛鉱型構造	0.225	(4, 4)	ZnS

44   3. 固体の形成

3.6 格子エンタルピー

イオン結晶の安定性について，エネルギーの側面から考えてみよう。イオン結晶の熱力学的な安定性を表す指標として**格子エンタルピー**（ΔH_L）（lattice enthalpy）がある。格子エンタルピーは，イオン結晶において，これを構成している陽イオンと陰イオンにバラバラにする反応のエンタルピー変化である。すなわち，固体のイオン結晶が気体状態の陽イオンと陰イオンになる次の反応に伴う**エンタルピー変化**（enthalpy change）である。

$$\text{MX(s)} \quad \rightarrow \quad \text{M}^+(\text{g}) + \text{X}^-(\text{g}) \tag{3.2}$$

ここでは，塩化ナトリウムのような1価のイオンどうしが結合した結晶を例にしている。括弧内のsは，固体を意味し，gは，気体を意味している。その逆過程を扱う用語として**格子エネルギー**（lattice energy）（ΔH_U）という用語もある。気体状態の陽イオンと陰イオンからイオン結晶が形成されるときのエンタルピー変化である。ΔH_L と ΔH_U は，絶対値が等しく，符号が逆になる。これらの用語は間違いやすいが，いずれも絶対値が大きいほど，イオン結晶は熱力学的（エネルギー的）に安定といえる。格子エンタルピーの理論的解釈と実験に基づく決定法について，この後に述べる。

3.6.1 ポテンシャルエネルギー

実は，格子エンタルピー（または格子エネルギー）を実験で直接求めることは難しく，恐らくできない。そこで理論的なモデルによる計算と実験値から見積もる方法を考えてみよう。まず，格子エンタルピーについて，理論的に解釈してみよう。まず，＋と－の電荷には引力が働く。一方，＋どうしは反発し（斥力），－どうしも反発する。この引力と斥力を合計すると引力が勝つ場合に結晶が形成されるはずであり，これらの静電気力による**ポテンシャルエネルギー**（potential energy）を結晶全体（例えば1 mol の陽イオンと陰イオンで構成されているとする）で合計した値を考える。この値と同じ大きさのエネル

ギーを外部から加えるとすべてのイオンのポテンシャルエネルギーの合計はゼロになる。すなわち，引力も斥力も働いていないバラバラの状態といえる。したがって，このポテンシャルエネルギーを合計した値（絶対値）が格子エンタルピーの値と等しいと考えられる。

　イオン結晶は，陽イオンと陰イオンの粒子が接して構成されている。簡単なモデルでは，それぞれの粒子の中心にイオンの価数に相当する電荷が集中しており，隣り合う陽イオンと陰イオンの**中心間距離**（center-to-center distance）を基準に引力と斥力を計算することができる。

　図3.8に示すNaCl結晶の場合を例に考えてみよう。Na$^+$とCl$^-$のイオン間距離（中心間距離）をdとする。すると距離dの位置に異符号の粒子が6個存在しており，引力が働く。次に距離$\sqrt{2}d$の位置には陽イオンどうしまたは陰イオンどうしが12個存在しており，斥力が生じている。また，少し離れたところには異符号のイオンが位置し，その先には同符号のイオンが位置するということがくり返されている。

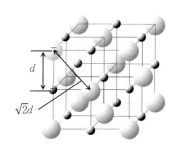

図3.8　NaClを例にした陽イオンと陰イオンの位置関係，およびイオン間の距離

　ポテンシャルエネルギーは，距離に反比例するため，このイオン間距離の逆数に異符号の場合は「プラス」，同符号の場合に「マイナス」の符号をつけて，さらに存在する粒子の数をかけて無限に足し合わせていくとある一定値（A/d）に収束する。この値「A」は**マーデルング定数**（Madelung constant）と呼ばれる無理数である。マーデルング定数は，結晶の型，すなわち，陽イオンと陰イオンの配置のパターンによって決まる（**表3.2**）。結晶を構成している陽イオンと陰イオンの組成比が等しい場合，配位数が大きいとマーデルング定数

46 3. 固 体 の 形 成

表3.2 イオン結晶とマーデルング定数

イオン結晶の型	マーデルング定数	配位数	化合物の例
塩化セシウム型	1.763	(8, 8)	CsCl, CsBr, CsI
岩塩型	1.748	(6, 6)	NaCl, LiCl, KBr
閃亜鉛鉱型	1.638	(4, 4)	ZnS, CdS, CuCl
蛍石型	2.519	(8, 4)	CaF_2, SrF_2, UO_2
ルチル型	2.408	(6, 3)	TiO_2, SnO_2, RuO_2

は大きくなる傾向がある。

　以上の考え方から，NaCl（1 mol）のポテンシャルエネルギー（E）は，次式で計算できる。

$$E = \frac{Z^+ Z^- e^2}{4\pi\varepsilon_0 d} N_A A \tag{3.3}$$

　ここで，ε_0 は，真空の誘電率（$8.854 \times 10^{-12} \, \mathrm{kg^{-1} \, m^{-3} \, s^4 \, A^2}$），$Z^+$ は，陽イオンの価数（Na^+ では $+1$），Z^- は，陰イオンの価数（Cl^- では -1），e は，電気素量（電子や陽子1個当りがもつ電荷の大きさであり正の値で，$1.602 \times 10^{-19} \, \mathrm{C}$），$d$ は，イオン間（Na^+ と Cl^-）の距離でエックス線結晶構造解析から，NaCl では，$2.81 \times 10^{-10} \, \mathrm{m}$ と見積もられている。N_A は，アボガドロ定数（$6.02 \times 10^{23} \, \mathrm{mol^{-1}}$）である。なお，NaCl のマーデルング定数（$A$）は，1.7475（有効数字を5桁とした場合）である。計算すると $E = -864 \, \mathrm{kJ \, mol^{-1}}$ と求められる。単純な理論上では，$-\Delta H_L \simeq E$ となるはずであるが，次節で説明するように ΔH_L の実験値（$785 \, \mathrm{kJ \, mol^{-1}}$）よりも絶対値が大きく見積もられている。実験値については，次節で述べる。

　このモデルでは，プラスまたはマイナスの電荷をもった単純な粒子で考えている。実際のイオンでは，陽イオン，陰イオンともにいずれも多くの内殻電子をもっている。イオン間の距離が近くなると，内殻電子による反発が起こるはずである。その分，ポテンシャルエネルギーは大きくなるはずである。ポテンシャルエネルギーが大きくなるということは，エネルギー的に不安定になるということであり，E の絶対値は，単純な理論値よりも小さくなる。

　さらに，このモデルではイオン結合だけを考えているが，実際にはイオン結

晶にも共有結合性を部分的にもつ場合があり，実験値とこのモデルによる理論値には差が生じる。内殻電子どうしの斥力を考慮して，この差を補正する理論式もあり，補正すると実験値に近い $-758\,\mathrm{kJ\,mol^{-1}}$ と計算されることがわかっている。ここでは，イオン結晶の凝集力の概要を理解するだけで十分であるので，補正の詳しい説明は省略する。実際に，この理論で実験値を定性的には説明することができる。

3.6.2 ボルン・ハーバーサイクル

格子エンタルピーを実験値から求める方法を考えてみよう。NaCl を例に単体の元素からイオン結晶が生成する反応や関連するイオン生成に関わる実測可能なデータを集めてエネルギー準位図を書くと**図 3.9** のようになる。

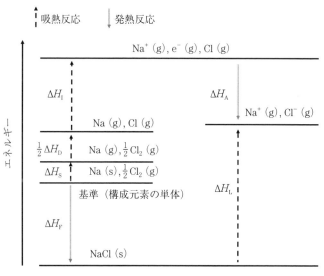

図 3.9 ボルン・ハーバーサイクルの例

この図で左側の過程（反応）において出入りするエネルギーの絶対値の合計と右側の過程におけるエネルギーの絶対値の合計は等しくなるはずである。また，図の矢印→をすべてつないでサイクルと考えることもできる。このような

48　　3. 固 体 の 形 成

エネルギー準位図を**ボルン・ハーバーサイクル**（Born-Haber cycle）と呼ぶ。
これらの過程の中で実測不可能なのは，格子エンタルピー（ΔH_L）だけである。したがって，右側の過程と左側の過程の合計値の差からΔH_Lを計算することができる。前項と同様に NaCl を例にして，ΔH_Lを計算してみよう。必要な過程のデータを次に示す。

NaCl の生成熱

$$\text{Na(s)} + \frac{1}{2}\text{Cl}_2\text{(g)} \rightarrow \text{NaCl(s)} \qquad \Delta H_F = -412 \text{ kJ mol}^{-1} \qquad (3.4)$$

Na の気化熱（昇華熱）

$$\text{Na(s)} \rightarrow \text{Na(g)} \qquad \Delta H_S = +109 \text{ kJ mol}^{-1} \qquad (3.5)$$

Na のイオン化エネルギー

$$\text{Na(g)} \rightarrow \text{Na}^+\text{(g)} + \text{e}^- \qquad \Delta H_I = +496 \text{ kJ mol}^{-1} \qquad (3.6)$$

Cl$_2$ の解離熱

$$\text{Cl}_2\text{(g)} \rightarrow 2\text{Cl(g)} \qquad \Delta H_D = +244 \text{ kJ mol}^{-1} \qquad (3.7)$$

Cl の電子親和力から

$$\text{Cl(g)} + \text{e}^- \rightarrow \text{Cl}^-\text{(g)} \qquad \Delta H_A = -354 \text{ kJ mol}^{-1} \qquad (3.8)$$

なお，不明なΔH_Lにおける過程は

$$\text{NaCl(s)} \rightarrow \text{Na}^+\text{(g)} + \text{Cl}^-\text{(g)} \qquad (3.9)$$

であり，これらの数値を使うと

$$\Delta H_I + \frac{1}{2}\Delta H_D + \Delta H_S - \Delta H_F = -\Delta H_A + \Delta H_L$$

$$\Delta H_L = -\Delta H_F + \Delta H_I + \frac{1}{2}\Delta H_D + \Delta H_S + \Delta H_A$$

$$= 412 + 496 + 244/2 + 109 - 354$$

$$= 785 \text{ kJ mol}^{-1}$$

と求めることができる。

3.7 分子間力

　次に弱い凝集力について考えてみよう。共有結合をほとんどしない希ガス原子も低温では凝集する。また，常温常圧で気体である二酸化炭素を冷やすと固体のドライアイスになることはよく知られている。窒素分子（N_2）は，極低温（$-196\,°C$以下）では液体になり，さらに冷やすと固体にもなる。このように液体や固体になるためには，希ガスや二酸化炭素，窒素の分子間に凝集力が働く必要がある。

　電荷をもたない中性の粒子とみなすことができる希ガス原子どうしや分子どうしに働く凝集力を分子間力や**ファンデルワールス力**（van der Waals force）と呼び，この力による結合をファンデルワールス結合と呼ぶ。また，この力で凝集して形成される結晶をファンデルワールス結晶と呼ぶ。この力の源も静電相互作用である。

　すべての物質は電子をもっているため，中性の原子や分子でも電子配置のゆらぎによって電荷のアンバランスが生じる。例えば窒素の気体を考えると，N_2分子では，分子全体では中性でも瞬間的に部分的に正電荷と負電荷をもつことがある。気体の中で，他のN_2分子にも同じことが起こっているはずであり，弱い静電気による引力が生じる。常温（そして常圧）では，熱運動が激しいために，弱い引力は，ほとんど無視され，凝集は起こらない。しかし，極低温では熱運動よりも引力のほうが勝り，液体や固体になる。狭義では，このような瞬間的な電荷のアンバランスによる引力を**分散力**（dispersion force）と呼ぶ。

　一方で，異種の元素から構成される分子では，電気陰性度の違いから，元々正電荷をもつ部分と負電荷をもつ部分があり，分子全体の電荷は中性でも電荷の偏りにより**双極子モーメント**（dipole moment）をもつ場合がある。双極子モーメントとは，分子などの化合物の中で正電荷の中心となる部分と負電荷の中心となる部分の距離と偏っている電荷の大きさの積で表されるベクトル量で

50   3. 固 体 の 形 成

ある。負電荷から正電荷に向けた矢印（→）で双極子モーメントの向きが表される。分子間の双極子モーメントには，双極子モーメントの中心間距離の6乗に反比例した弱い引力が働く。分子間の引力の中でもこの引力を**双極子-双極子相互作用**（dipole-dipole interaction）と呼ぶ。分子がもつ双極子モーメントは，元々電荷の偏りがない分子に対して電荷の偏りを誘発する。双極子モーメントによって，別の分子に双極子モーメントが誘起され，引力が生じる。これを**双極子-誘起双極子相互作用**（dipole-induced dipole interaction）と呼ぶ。分散力は，瞬間的に生じる双極子モーメントによる引力と考えることができる。

3.8 水 素 結 合

　水素が電気陰性度の高い元素（フッ素，酸素，窒素など）と共有結合した分子では，分子間で水素原子と電気陰性度が高い原子との間で比較的強い引力が働く。「比較的」と記したのは，共有結合やイオン結合と比べるとかなり弱いが分子間力としては強いという意味である。水素結合は，分子間力の特別に強い状態と解釈することもできる。水素原子が水素イオンほどではないが，ある程度の正電荷を帯び，相手の原子がある程度の負電荷を帯びるためである。静電気的な引力であるが，イオン結合と異なり方向性がある。この結合の方向性は，分子間力でありながら，共有結合に似ている。ここでは説明を省略するが，水素結合は，むしろ共有結合の一種と考えて，4章に記す分子軌道法で解釈する場合もある。水分子（H_2O）の高い融点や沸点は，分子間の水素原子と酸素原子の間に働く水素結合で説明される。

ま　と　め

・凝集力の種類

・共有結合と分子性化合物の特徴

・金属結晶などにおける最密充填構造

・金属結合の特徴

- イオン結晶の概要，岩塩型と塩化セシウム型構造
- 結晶と配位数
- 格子エンタルピーとその理論的考察（静電ポテンシャル，マーデルング定数）
- ボルン–ハーバーサイクル
- 分子間力と水素結合の概要

章 末 問 題

1. 二酸化炭素と二酸化ケイ素の違いを化学構造の違いから説明せよ。
2. イオン結晶において配位数と熱力学的安定性の関係を考察せよ。
3. イオン半径比と配位数の関係を考察せよ。
4. 塩化ナトリウムよりも塩化セシウムの配位数が大きい理由を説明せよ。
5. 塩化カリウムと塩化マグネシウムの格子エンタルピーをボルン–ハーバーサイクルを用いて求めよ。なお，計算には，次のデータを用いよ。以下の式において，(s) と (g) は，それぞれ，固体と気体の状態を表している。

$$K(s) + \frac{1}{2}Cl_2(g) \rightarrow KCl(s) \qquad \Delta H_F = -438 \text{ kJ mol}^{-1}$$

$$K(s) \rightarrow K(g) \qquad \Delta H_S = +90 \text{ kJ mol}^{-1}$$

$$K(g) \rightarrow K^+(g) + e^-(g) \qquad \Delta H_I = +419 \text{ kJ mol}^{-1}$$

$$Mg(s) + Cl_2(g) \rightarrow MgCl_2(s) \qquad \Delta H_F = -641 \text{ kJ mol}^{-1},$$

$$Mg(s) \rightarrow Mg(g) \qquad \Delta H_S = +128 \text{ kJ mol}^{-1}$$

$$Mg(g) \rightarrow Mg^{2+}(g) + 2e^-(g) \qquad \Delta H_I = +2188 \text{ kJ mol}^{-1}$$

$$Cl_2(g) \rightarrow 2Cl(g) \qquad \Delta H_D = +244 \text{ kJ mol}^{-1}$$

$$Cl(g) + e^-(g) \rightarrow Cl^-(g) \qquad \Delta H_{EA} = -354 \text{ kJ mol}^{-1}$$

4. 分 子

4.1 共 有 結 合

　希ガス以外は，原子どうしが結合したほうが安定な状態となる。結合の原動力は，原子核がもつ正電荷と電子がもつ負電荷による静電相互作用である。その中で，特定の原子と原子がその間で電子を共有してできる結合を共有結合と呼ぶ。例えば，ある2つの原子間の中心に電子が集中して配置されると，原子の本体は原子核の正電荷のため，陽イオンに近い状態となり，2つの原子は電子を引っ張りあう（**図4.1**）。その結果，2つの原子は綱引きをするような状態となり，離れることができない。このように静電気力で特定の2つの原子どうしを結び付けているといえる。

図4.1　水素を例にした共有結合の概念

4.1.1　ルイス構造とローンペア

　1つの軌道に電子が2個まで入ることに関係して，原子が共有結合する場合，基本的に2個の電子，すなわち電子対（ペア）で原子をつなぐことになる。そのとき，電子を点（・など）で表して結合を表現する方法を**ルイス構造**（Lewis structure）と呼ぶ（**図4.2**）。また，電子を点で表すことから，このような化学式を**点電子式**（electron-dot structure）と呼ぶ。このとき，元素記号

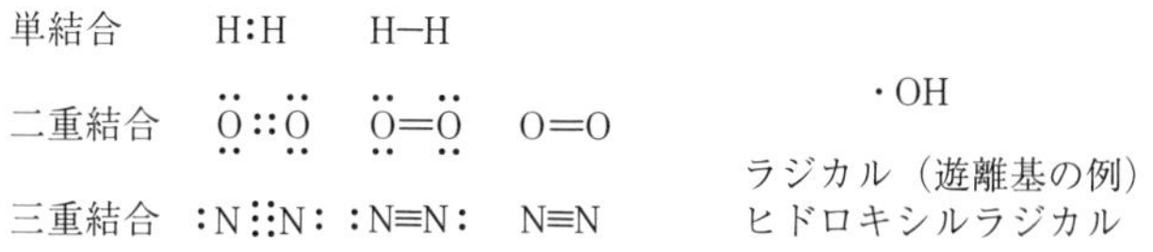

4.1 共 有 結 合　　*53*

単結合　　H:H　　H—H

二重結合　　Ö::Ö　　Ö=Ö　　O=O

・OH

ラジカル（遊離基の例）

三重結合　　:N:::N:　　:N≡N:　　N≡N

ヒドロキシルラジカル

図 4.2　ルイス構造の例

の周りに価電子（valence electron）を点で表すが，結合に使われている電子対を線で表すこともある。電子対が1つの場合は，**単結合**（single bond）であるが，その2倍の2つの電子対（4個の電子）で結合する場合を**二重結合**（double bond），3倍の3つの電子対（6個の電子）で結合する場合を**三重結合**（triple bond）と呼ぶ。二重結合は，二本の線で表し，三重結合は，三本の線で表す。単結合，二重結合，三重結合の詳細については，後述する。結合に関わらない電子対は，**ローンペア**（lone-pair），または，**孤立電子対**，**非結合電子対**（unshared electron pair）と呼ぶ。なお，ペアになっていない電子をもつ物質を**ラジカル**（radical）や**遊離基**（free radicals）と呼ぶ。

4.1.2　オクテット則

オクテット則（octet rule）とは，1つの原子のまわり，すなわち最外殻に8個の電子が存在すると安定な構造になるという経験則である。その理由は，最外殻であるs軌道とp軌道が電子で満たされるためには電子が8個必要であることで説明される。多くの物質は，オクテット則を満足するように結合を形成すると考えることができるが，例外もある。**超原子価化合物**（hypervalent compound）と呼ばれる最外殻電子数が8個を超える化合物が実際に存在する（**図 4.3**）。また，5章で説明するが，ホウ素などは，オクテット則で考えられるよりも少ない電子で化合物を形成する。

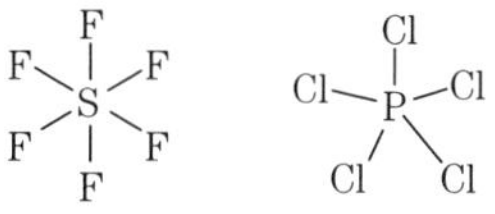

図 4.3　オクテット則の例外，超原子価化合物の例

4.1.3 2中心2電子結合と電子不足結合

話が少し戻るが,1つの電子対(2個の電子)で共有結合を形成するのが一般的である。このとき,2個の原子が2個の電子で結合しているが,2つの中心が2個の電子で結合するという意味で**2中心2電子結合**(two-center two-electron bond)と呼ぶ(図4.2の単結合)。いわゆる普通の共有結合が2中心2電子結合である。上述のホウ素を含む化合物などでは,**3中心2電子結合**(three-center two-electron bond)を形成する。これは,3個の原子が2個の電子で結合することを意味しており,原子1個当り,2/3個の電子による結合である。すなわち,2中心2電子結合では,原子1個当り,電子1個が使われるため,これよりも少ない電子による結合といえ,電子不足結合と呼ばれる。3中心2電子結合については,5章で説明する。

4.1.4 形式電荷・共鳴

実在する分子でも構成する原子が元々もっている電子数から,オクテット則に従って単純に結合が形成することを説明できない場合がある。そのようなとき,原子間で電子の貸し借りがあるとみなして化合物の結合状態を解釈するとオクテット則で説明できる場合がある。電子を提供した原子は正の電荷をもち,電子を受け取った原子は負の電荷をもつことになるが,このような形式上の電荷を**形式電荷**(formal charge)と呼ぶ。実際,そのような化合物の中では,原子間にある程度,電子の偏りが生じている。一酸化炭素を例に説明する(**図4.4**)。

図4.4 一酸化炭素の形式電荷

炭素の価電子数は4であり,酸素では6である。もし,酸素から電子1個を炭素に貸し与えると,いずれも電子を5個もつことになる。形式的に酸素が1価の陽イオン,炭素が1価の陰イオンになったとみなすことができる。そうすると,三重結合を形成でき,二原子分子が完成する。電気陰性度が大きい酸素

から，炭素へ電子が貸し与えられると考えるのは不思議な感じがするが，このように電子の貸し借りを行ったほうが，原子がバラバラで存在するよりも安定な状態となる。また，実際には，電子1個分の電荷が酸素から炭素へ移動しているわけでないが，ある程度，酸素の電子が炭素側に移動して一酸化炭素分子が形成されていることがわかっている。

次に**共鳴**（resonance）について説明する。硝酸イオン（NO_3^-）において，ルイス構造では3つの酸素原子（O）を便宜上区別しているが，実際には区別がつかない（**図 4.5**）。

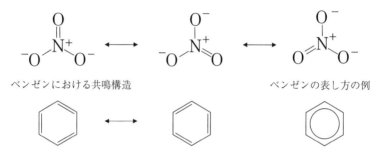

図 4.5 硝酸イオンとベンゼンにおける共鳴構造

図でN原子と二重結合しているO原子には，3通り可能であるが，3つのO原子に区別はない。便宜上3通りの硝酸イオンが描かれるが（これらを極限構造と呼ぶ），実際の硝酸イオンは，これらが共鳴している状態といえる。このような分子構造は**共鳴構造**（resonance structure）と呼ばれる。二重結合と単結合という区別ではなく，3個のO原子が単結合と二重結合の中間的な結合をN原子と形成していると考えるほうが実態に近い。この硝酸イオンでは，N原子がO原子1つに電子を貸し与えて，形式電荷を書いているが，どのO原子に電子を貸しているかということも区別できない。3個のO原子に1/3ずつ貸しているという状態が実態に近い。また，有機化学では，ベンゼンの構造は，共鳴の有名な例である（図4.5）。ベンゼンの二重結合の描き方には2通りあるが，いずれも区別することはできず，実際のベンゼンは，1.5重結合の

56 　　4. 分　　　　　　　子

ような結合（単結合と二重結合の中間のような結合）で形成された環状分子
（図4.5右）といえる。

4.1.5 酸 化 数

　分子内の電子の偏りの度合いを表す**酸化数**（oxidation number）について説
明する。酸化数とは，化合物における各原子の電荷の偏りを表す概念であり，
単体中の原子では0とみなし，化合物においては酸素を-2，水素を+1とひと
まず決めている。ただし，酸素でも**過酸化物**（peroxide）（-O-O-結合をもつ
場合）では-1，**超酸化物**（superoxide）（O_2^-イオンを含む化合物）では$-1/2$，
オゾン化物イオン（O_3^-）では$-1/3$となる。また，水素では，電気陰性度が
小さい金属と塩を形成する場合などでは，水素化物イオン（H^-）との化合物
となるため，酸化数が-1となる場合もある。

　金属陽イオンやハロゲン化物イオンなどでは，イオンの価数が酸化数とな
る。例えば，**塩化物イオン**（chloride ion）（Cl^-）との化合物では，塩素の酸
化数は-1となる。酸化数の概念は，共有結合をしている物質以外に，イオン
結合性の化合物にも適用することができる。

4.2　分子軌道法入門

　原子どうしが結合して分子を構成していることは紛れもない事実である。そ
れでは，どのような原理で結合が形成され，分子特有の構造をもち，性質が生
まれるのであろうか？本質的な原理があるはずである。原子の世界のルールを
記述する方法が量子力学である。量子力学に基づいて，分子の形成を説明する
考え方が**分子軌道法**（molecular orbital method）である。分子軌道法は，現
在，分子形成を説明する最も便利で信頼できる方法の一つである。

4.2.1　原子軌道と分子軌道

　分子は，原子どうしの共有結合により形成されるが，原子の**電子軌道**

(electron orbital）から考えてみよう．電子軌道とは，原子や分子において，電子が存在する軌道のことである．まず，**原子軌道**（atomic orbital）（原子における電子の軌道）が接近するといずれ重なり合う．

最も単純な水素原子で考えてみよう．球状の1s軌道が重なり，新たな軌道が作られると考えることができる（**図4.6**）．電子は波であるので，波と波がぶつかり合うと大きな波になる．また，一方で波（山）と引き波（谷）が重なると波が消えたように見えるはずである．原子軌道でも同様の現象が起こる．軌道が重なり合い，新しい軌道ができるとき，軌道が無から現れることや消失することはなく，重なり合った軌道と同じ数の新しい軌道である**分子軌道**（molecular orbital）（分子における電子の軌道）ができる．

すなわち，2個の水素原子が接近して1s軌道が重なると2つの新しい軌道

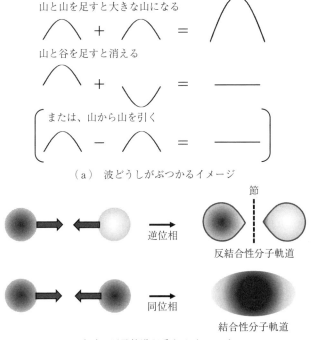

図 4.6　原子軌道と分子軌道のイメージ

58   4. 分   子

ができる。同じ位相で重なる軌道（軌道どうしの足し算）と**逆位相**（antiphase）で重なる軌道（引き算）の軌道である。**同位相**（coordinate phase）の軌道どうしの接近では，海の波と波がぶつかり合うことで，波が盛り上がるのに似ている。波の高さは，電子の居心地の良さに関係し，波の高さの二乗は，電子がそこに見いだされる確率に比例する（1章）。同位相で重なる場合，2個の原子の間に電子が存在しやすいことになる。すなわち，2個の原子が電子を共有し合うことを意味する。原子の間に電子対ができ，静電気力で引き合うことができる。

一方，逆位相で重なると重なった部分が消えてしまう。すなわち，原子と原子の間に電子は存在できないことを意味する。重なっていない部分であるそれぞれの原子の反対側に電子が存在することになる。電子は負電荷をもち，原子本体は正電荷もつため，原子は，結合しようとする反対の方向へ引かれることになる。すなわち，これらの原子は結合することができない。

同位相で重なってできる軌道に電子が入ると結合を促進するので，**結合性分子軌道**（bonding molecular orbital，bonding orbital）と呼ばれる。一方，逆位相で重なってできる軌道に電子が入ると結合を邪魔するので**反結合性分子軌道**（antibonding molecular orbital，antibonding orbital）と呼ばれる。また，**非結合性分子軌道**（non-bonding molecular orbital，non-bonding orbital）と呼ばれる軌道もあるが，これは，結合を促進することも邪魔することもない。

4.2.2 水素分子とヘリウム分子イオン

水素分子（molecular hydrogen）については，4.2.1項で軌道の重なりを説明した。ここではエネルギー準位を見ながら再び考えてみる（**図4.7**）。2つの1s軌道が相互作用して，結合性分子軌道と反結合性分子軌道を形成する。結合性分子軌道は，元の1s軌道よりもエネルギーが低く，反結合性分子軌道は，逆にエネルギーが高くなる。結合性分子軌道のエネルギーの低下の度合いと比べて，反結合性分子軌道のエネルギーの上昇は，少し大きくなっている。このことは，結合性分子軌道でも，電子どうしの反発による不安定化の要素が多少加わることで説明される。もちろん，結合性分子軌道形成による安定化の効果

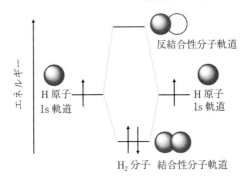

図 4.7 エネルギー準位からみた分子軌道（水素分子の例）

のほうが大きい。

　このように新しく形成された1つの分子軌道にエネルギーの低いほうから，共有する電子を加えていく。水素では，1s軌道に電子を1個ずつしかもたないため，合計2個の電子が結合性分子軌道のみに入る。1つの軌道には，電子は最大2個までしか入らないことに注意する（1章，フェルミの排他原理を参照）。したがって，水素原子（H）がバラバラで存在するよりも水素分子（H_2）を形成するほうが安定であることを説明できる。

　これと類似した**ヘリウム分子イオン**（molecular helium ion）（He_2^+）について説明する。ヘリウムでも水素と同様に2つの1s軌道が相互作用して，結合性分子軌道と反結合性分子軌道を形成する（**図4.8**）。中性のヘリウム原子は，2個の電子をもつため，合計4個の電子があるが，He_2^+ では，電子数は，合計3個である。このうち2個が結合性分子軌道に入り，残り1個は，反結合性

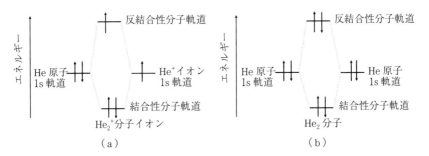

図 4.8 ヘリウム分子イオンおよびヘリウム分子のエネルギー準位図

60 　　4. 分　　　　　　子

分子軌道に入るしかない（図4.8（a））。それでも，結合性分子軌道に入る電子のほうが多いので，2個の He 原子がバラバラで存在するよりも結合したほうが安定といえそうである。ところで，中性のヘリウム分子（He₂）を考えると2個の電子が反結合性分子軌道にも入るため，安定化よりも不安定化の要素のほうが大きそうである（図4.8（b））。このため，He は，単原子分子でいるほうが安定で He₂ のような二原子分子を形成しない。なお，He₂⁺ のような電荷をもつイオンは，真空に近い状態では形成されることもあるが，きわめてまれである。He₂⁺ の例は，分子軌道を考えるための理論的なものと考えてもらいたい。

4.2.3　結 合 次 数

ヘリウム分子を例にあげた4.2.2項では，結合性分子軌道と反結合性分子軌道に入る電子数の比較で，結合できそうかどうか考察したが，簡単な数字を使って説明できると便利である。そこで考えられたのが**結合次数**（bonding order）である。結合次数は，結合の安定性（強さ）に関係する尺度といえる。結合次数は，次のように定義される。

結合次数 =

$$\frac{(結合性分子軌道に入る電子数の合計)-(反結合性分子軌道に入る電子数の合計)}{2}$$

(4.1)

結合次数がゼロや負になる場合では，結合が形成されず，正になる場合に結合が可能と判断できる。この定義では，結合性分子軌道と反結合性分子軌道に入る電子数の差をわざわざ2で割っている。共有結合は，一般に電子対で形成され，単結合は，電子2個で形成される。このように2で割ることにより，単結合と結合次数1が対応するようになる。例えば，水素分子（H₂）は，単結合で結合しており，結合次数1と対応する。また，結合次数1が単結合に相当するのと同様に，結合次数2は，二重結合に相当し，結合次数3は，三重結合に相当する。しかし，単結合や二重結合などの結合対の数と結合次数は異なる

概念であることに注意してほしい。できるだけ同じ数になるとわかりやすいので，このような定義になっていると考え，偶然同じ数になったくらいに考えていたほうがよい。

4.2.4 多電子原子の分子とさまざまな軌道

s軌道の重なりを例に分子軌道を説明したが，第2周期以降の多電子原子では，p軌道も登場する。さらには，d軌道やf軌道も分子軌道を形成するが，ここではd軌道までにとどめておく。まず，s軌道とp軌道から形成される分子軌道について考えてみよう。

まず，s軌道どうしが相互作用する場合には，図4.6または図4.7にも示ししているように同位相と逆位相の重なりで，合計2通りの軌道が作られる（**図4.9**）。p軌道の場合は，接近する向きによって，まず結合に関与するものに限ると3通りの相互作用が考えられ，位相の違いを含めると6通りの軌道が考えられる。結合に関与しない軌道を含めると合計8通りが考えられる。まず，正

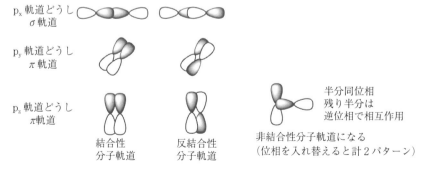

図4.9 分子軌道のパターン

面から重なる場合，横から重なる場合，そして直交方向（90°ずれた状態）での相互作用である。正面から重なると節ができない。このような節をもたない結合を**σ（シグマ）結合** (sigma bond) と呼び，その軌道を**σ軌道** (sigma orbital) と呼ぶ。横から重なると節，すなわち空洞部分ができる。このように節をもつ結合を**π結合** (pi bond) と呼び，その軌道を**π軌道** (pi orbital) と呼ぶ。**直交方向** (orthogonal direction) から重なると必ず半分は同位相，残り半分は，逆位相で重なる（図 (d)）。このような軌道は，結合を促進も邪魔もしないと考えられるので，非結合性分子軌道とみなされる。d 軌道どうしの結合の場合も節がない場合の結合はσ結合，節がある場合の結合はπ結合と呼ぶ。

このようにさまざまな軌道の形のパターンがあるが，同じ軌道どうしが相互作用して形成される軌道の対称性について考えてみよう（**図 4.10**）。軌道の形が対称心をもつ場合を**ゲラーデ** (gerade)（g），反転する場合を**ウンゲラーデ** (ungerade)（u）と呼び，それぞれ，軌道の記号の右下に g または u を付す。軌道を平面上で 180°回転させて，位相が変わらない場合がゲラーデ，反転する場合がウンゲラーデである。

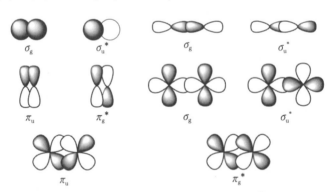

図 4.10 同種の原子軌道から形成される分子軌道の対称性と記号

また，結合性分子軌道と反結合性分子軌道の区別のために，反結合性分子軌道では軌道を表す記号の右上に「*」を付ける。図 4.10（同種の原子軌道から形成される分子軌道）と**図 4.11**（異種の原子軌道から形成される分子軌道）

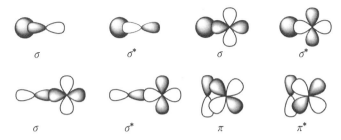

図 4.11 異種の原子軌道から形成される分子軌道と記号

に各軌道の記号による表し方についてまとめる。

4.2.5 フロンティア軌道

物質の化学的な性質を決めるのは電子である。原子の化学的性質において，最外殻電子が特に重要である。分子の場合は，電子をもつ最も高いエネルギー準位の分子軌道が重要となる。分子が酸化されるとき，最も高いエネルギー準位の軌道から電子が引き抜かれていく。このような軌道を**最高被占分子軌道**（highest occupied molecular orbital, HOMO）と呼ぶ（**図 4.12**（a））。一方，分子が還元される場合，電子の空席がある分子軌道の中で最も低いエネルギー準位の軌道に電子が入ると，大きなエネルギーの放出が考えられる。HOMOと類似しているが，最も低いエネルギー準位の空軌道を**最低空軌道**（lowest unoccupied molecular orbital, LUMO）と呼ぶ（図（a））。なお，1つの分子

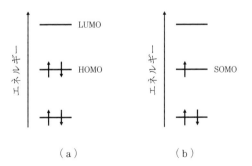

図 4.12 フロンティア軌道のエネルギー準位図

64   4. 分　　　　　子

軌道に電子は，2個まで入ることができるが，電子が1個だけ入った軌道を**半占有軌道**（semi-occupied molecular orbital，SOMO）（図（b））と呼ぶ。HOMOやLUMOだけでなく，SOMOを使って結合が形成される場合もある。SOMOから電子を引き抜かれる場合や，SOMOにもう1個電子が与えられて，電子対が形成される場合もある。これらの軌道（HOMO，LUMO，SOMO）は，物質（分子）が変化する際に，最前線となる軌道であることから，**フロンティア軌道**（frontier orbital）と呼ばれる。

4.2.6　等核二原子分子1：フッ素分子

　多電子原子の中で安定な等核二原子分子を形成する元素の代表は，窒素（N_2），酸素（O_2）やフッ素（F_2）などのハロゲンであろう。この章では，窒素，酸素，フッ素を例に二原子分子の生成について分子軌道法を使い，考えてみよう。この中でフッ素が最も電子数が多いが，最もわかりやすい例である。まず2つのフッ素原子（または，窒素原子や酸素原子どうし）が接近すると最外殻電子が相互作用する。内殻電子の相互作用は無視でき，原子軌道とほぼ変わらない。これらの元素は，2s軌道と2p軌道が最外殻である。

　フッ素を例に分子軌道の形成を説明する（**図4.13**）。2s軌道の相互作用で結合性分子軌道と反結合性分子軌道が形成される。いずれもσ軌道である。2p軌道の相互作用では，節のない重なりにより，σ軌道が2つ形成される。このとき，同位相の重なりが結合性分子軌道となり，逆位相の重なりでは，反結合性分子軌道となる。残り2組の2p軌道は，節をもつ重なりとなるため，π軌道が形成される。π軌道は，たがいに直交した2組が可能である。もとの2p軌道は4個あるため，2個が同位相で重なって結合性分子軌道となり，残り2個が逆位相での重なりで反結合性分子軌道となる。

　フッ素原子は，最外殻，すなわち2s軌道と2p軌道に電子を合計7個もつ。分子を形成する2個のフッ素原子から合計14個の電子が再配置される。すなわち，新たに形成された分子軌道へエネルギーが低い軌道から14個電子が配置されていく。結合性分子軌道に合計8個の電子が入り，反結合性分子軌道に

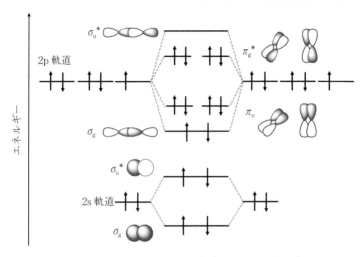

図 4.13 フッ素分子の分子軌道（エネルギー準位図）

合計 6 個の電子が入るため，結合次数は，(8-6)/2＝1 となる。ルイス構造において，フッ素が単結合になることと対応している。ただし，ルイス構造における結合の数と分子軌道法における結合次数は，異なる概念であることに注意してほしい。

4.2.7　等核二原子分子 2：酸素分子と三重項状態

続いて，酸素分子について説明する（図 4.14）。分子軌道の形成は，フッ素と同じパターンと考えてよい。酸素原子は，最外殻，すなわち 2s 軌道と 2p 軌道に電子を合計 6 個もち，2 つの酸素原子から合計 12 個の電子が再配置される。新たに形成された分子軌道へエネルギーが低い軌道から 12 個の電子を配置していくと，最後の 2 個の電子の配置には 2 通りが考えられる。反結合性分子軌道の π 軌道は，等エネルギー準位の軌道が 2 つある。すなわち 2 つの軌道が**縮退**（degeneracy）している。同じ軌道に 2 個の電子を配置する方法と別々の軌道に配置する方法がある。この場合，フントの規則に従い，別々の軌道に 1 個ずつの電子が配置され，電子のスピン量子数は同じとなる場合が安定である（図 4.14 の太線囲み）。酸素分子全体で，電子スピンが打ち消されないた

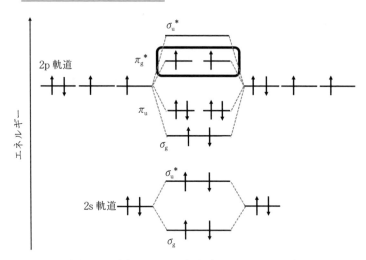

図4.14　酸素分子の分子軌道（エネルギー準位図）

め，**常磁性**（paramagnetism）となる．なお，同じ軌道に電子を2個配置する状態は，別々に配置されるよりも，電子反発のためエネルギーの高い状態，すなわち励起状態になる．光化学反応などで，このような励起状態の酸素分子を作ることができる．酸素分子の性質については，5章で説明する．また，結合性分子軌道に合計8個の電子が入り，反結合性分子軌道に合計4個の電子が入るため，結合次数は，(8-4)/2=2となる．ルイス構造で酸素が二重結合で表現されることに対応している．

4.2.8　等核二原子分子3：窒素分子

　等核二原子分子の分子軌道の例として，最後に窒素分子について説明する（図4.15）．窒素分子には，フッ素分子や酸素分子と異なる部分がある．フッ素分子や酸素分子の場合，2p軌道から形成されるσ軌道は，π軌道よりもエネルギーが低かったが，窒素分子では，逆転している．窒素原子では，2p軌道と2s軌道のエネルギー準位が近いため，たがいに影響を及ぼすことで説明される．

　2p軌道から形成されるσ軌道は，2s軌道からの影響を受け，エネルギー準位が押し上げられる．軌道の重なりで解釈すると，2p軌道の重なりで形成され

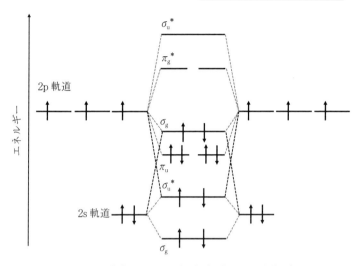

図 4.15 窒素分子の分子軌道（エネルギー準位図）

るσ軌道には，2s 軌道が逆位相で部分的に重なるため（**図 4.16**（a）），反結合性を帯びることでエネルギー的に不安定になり，エネルギー準位が上昇すると考えられる（図 4.15）。このとき，2p 軌道から形成されるπ軌道は，影響を受けない（図（a））。2s 軌道が重なろうとしても半分が同位相，そして半分が逆位相の重なりになるため，合計すると影響なしということになる。また，2s 軌道から形成される反結合性分子軌道にも 2p 軌道からの影響が及んでいる（図（b））。こちらは，2p 軌道が同位相で部分的に混ざるため，反結合性分子軌道でありながら，部分的に結合性分子軌道的な性質を帯び，安定化してエネルギー準位が少し低くなる。これら 3 種類の分子の中で電子数が最も少ない窒素であるが，分子軌道の解釈は，このように複雑になっている。

　窒素原子は，最外殻，すなわち 2s 軌道と 2p 軌道に電子を合計 5 個ずつもち，2 個の窒素原子から合計 10 個の電子が分子軌道に再配置される。結合性分子軌道に合計 8 個の電子が入り，反結合性分子軌道に合計 2 個の電子が入るため，結合次数は，(8-2)/2＝3 となる。ルイス構造で窒素分子が三重結合になることに対応している。

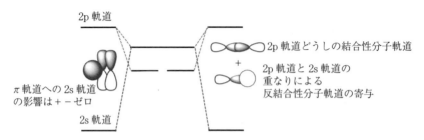

（a） 2p軌道から形成される結合性分子軌道への2s軌道の影響

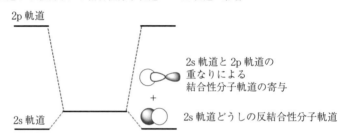

（b） 2s軌道から形成される反結合性分子軌道への2p軌道の影響

図4.16 窒素分子の分子軌道における2s軌道と2p軌道の相互作用の影響

4.2.9 異核二原子分子1：フッ化水素

　次に，異なる元素で構成される二原子分子（異核二原子分子）の例を2つ考えてみよう．まず，フッ化水素（HF）について考える（**図4.17**）．水素原子の1s軌道とフッ素原子の2s軌道と2p軌道の相互作用により，新たな分子軌道が形成される．フッ素原子の1s軌道は内殻であるため，分子軌道の形成に関与しない．また，水素のほうがフッ素よりも電気陰性度が小さいため，最外殻電子のエネルギー準位は水素のほうが高いと考えられる．実際，フッ素の2s軌道および2p軌道よりも水素の1s軌道のエネルギー準位のほうが高い．水素の1s軌道は，フッ素の2p軌道の1つとさらに2s軌道とσ結合性の重なりを形成する．まず，図の1σは，水素の1s軌道とフッ素の2s軌道から形成されるσ結合であり，結合性分子軌道である．図の2σは，水素の1s軌道がフッ素の2s軌道と逆位相で重なった軌道，さらに水素の1s軌道がフッ素の2p軌

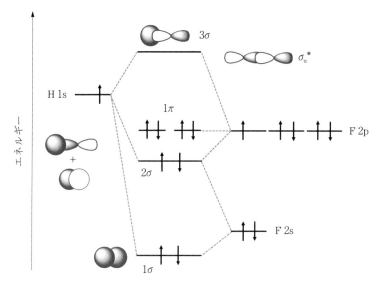

図 4.17 フッ化水素分子の分子軌道（エネルギー準位図）

道と同位相で重なった軌道が1つに合体したような軌道であり，反結合性と結合性を兼ね備えた軌道といえる．そこで，結合次数の計算には加えないこととする．また，図の3σは，水素の1s軌道とフッ素の2p軌道から形成される反結合性分子軌道である．図の1πは，フッ素のp軌道であり，結合に関与しない軌道である．まとめると水素の1s軌道とフッ素の2s軌道から作られる結合性分子軌道に電子が2個入っていることから結合次数は1とみなすことができる．また，フッ化水素分子は，水素の1s軌道，フッ素の2s軌道と2p軌道の1つの合計3つの原子軌道が相互作用し，分子軌道が3つ形成される珍しい例といえる．

4.2.10 異核二原子分子 2：一酸化炭素

次は，一酸化炭素（CO）を例に分子軌道を考えてみよう（**図 4.18**）．炭素も酸素も2s軌道と2p軌道が最外殻であり，それぞれの重なりで分子軌道が形成される．酸素よりも炭素の電気陰性度のほうが小さいため，炭素の原子軌道のエネルギー準位のほうが高くなる．図の2σは，2s軌道が逆位相で重なって

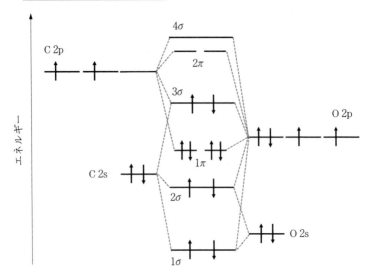

図 4.18 一酸化炭素分子の分子軌道（エネルギー準位図）

形成される反結合性分子軌道であるが，酸素の 2p 軌道が同位相で部分的に重なるため，エネルギーの安定化が起こり，炭素原子の 2s 軌道よりもむしろエネルギー準位が低くなる。一方，図の 3σ の軌道は，2p 軌道どうしが同位相で重なって形成される結合性分子軌道であるが，炭素原子の 2s 軌道が部分的に逆位相で重なるためにエネルギー準位が高くなり，π 軌道よりもむしろ上にくる。これは，窒素分子の分子軌道と同じ理由である。結合次数は，結合性分子軌道に 8 個の電子が入り，反結合性分子軌道に 2 個の電子が入るため，3 となる。これは窒素分子と同じである。

ここで，図の 2σ と 3σ はそれぞれ結合性分子軌道の性質と反結合性分子軌道の性質を合わせもっているが，便宜上，2σ は反結合性，3σ は結合性とみなしている。または，2σ と 3σ は，結合性分子軌道と反結合性分子軌道のいずれにも数えないという解釈も可能である。そのとき結合性分子軌道に電子が 6 個入り，反結合性分子軌道に電子はないので，結局，結合次数は 3 となる。一酸化炭素と窒素分子は，いずれも結合次数が 3 であり，形式電荷を使ったルイス構造も三重結合となることから似ているが，化学的性質は大きく異なる。同じ窒

素原子どうしが結合した窒素分子は，対称性がよく化学的に安定であるが，一酸化炭素は化学反応性が高い。

4.2.11 混成軌道

原子から二原子分子や化合物が作られるとき，原子軌道がそのまま重なって分子軌道が形成されると解釈できる場合もあるが，原子軌道自身が結合を作るために変化していると考えられることがある。例えば，1つの原子のs軌道とp軌道が重なり合って，新しい軌道ができる場合がある。さらに，s軌道とp軌道に加え，d軌道が一緒に重なる場合もある。このように複数の原子軌道が再編されてできる軌道を**混成軌道**（hybrid orbital）と呼び，そのおもなパターンをまとめると次のようになる。

sp 混成軌道	s軌道1つとp軌道1つ	→ 2つの混成軌道
sp^2 混成軌道	s軌道1つとp軌道2つ	→ 3つの混成軌道
sp^3 混成軌道	s軌道1つとp軌道3つ	→ 4つの混成軌道
sd^2 混成軌道	s軌道1つとd軌道2つ	→ 3つの混成軌道
sp^{2}d 混成軌道	s軌道1つとp軌道2つ，d軌道1つ	→ 4つの混成軌道
sp^{3}d^2 混成軌道	s軌道1つとp軌道3つ，d軌道2つ	→ 6つの混成軌道

有機化合物ではあるが，メタン（CH_4）（methane）を例に考えてみよう（図4.19）。炭素原子の最外殻電子は，2s軌道に2個，2p軌道に2個の計4個である。2s軌道1つと2p軌道3つすべてを混成して等価な軌道であるsp^{3}混成軌道が4つできる。この4つの軌道に電子が1個ずつ入り，4個の水素原子と1s軌道との重なりによるσ結合が4つ形成される。このとき，4個の結合電子は，

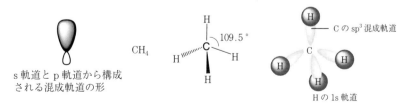

図4.19 混成軌道と電子対反発則の例（メタンの分子構造を例に）

たがいに静電気によって反発するため，できるだけ距離を取るほうが有利である．4つの軌道は等価であるため，きれいな対称の形（正四面体）となる．このように電子対の反発から，分子構造を説明する考え方を**電子対反発則**（valence shell electron pair repulsion rule, VSEPR 理論）と呼ぶ．

同様に水（H_2O）（water）やアンモニア（NH_3）（ammonia）の分子構造を説明することができる（図 4.20）．これらの分子も中心となる酸素原子または窒素原子が sp^3 混成軌道を形成し，水素の 1s 軌道と結合を形成する．H_2O 分子では，酸素原子の最外殻電子数が 6 個であるため，混成軌道の 2 つがローンペアになる．また，NH_3 では，窒素原子の最外殻電子数が 5 個のため，sp^3 混成軌道の 1 つがローンペアになる．ローンペアも結合電子対も反発するので，これらの分子の構造は，VSEPR 理論で説明できる．なお，反発力の強さは，ローンペアどうし＞ローンペアと結合電子対＞結合電子対どうしとなる．ローンペアは，結合に使われていないため，比較的広い空間に広がっており，反発力が強い．このようにローンペアは，静電気的な反発で分子構造に大きく影響するが，電子自身は非常に小さく軽いため，分子の構造は原子核の配置で決まる．その結果，H_2O は，折れ線型の構造となる．また，NH_3 は，三角錐型となる．これらの結合の角度は，CH_4 の場合（等価な場合）よりも狭くなる．これは，ローンペアどうしの反発のほうが強いため，結合電子対がローンペアに押されて狭くなることで説明される．

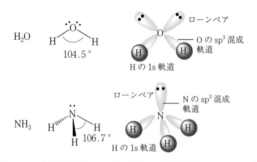

図 4.20 混成軌道と電子対反発則の例（水とアンモニア）

4.2.12 不飽和結合

不飽和結合（unsaturated bond）である二重結合や三重結合はどのように説明されるのであろうか？有機化合物であるが，エテン（エチレン）(ethne, (ethylene)) とエチン（アセチレン）(ethyne, (acetylene)) を例に図を示す（図4.21）。これらの不飽和結合には，p軌道によるπ結合が関与している。sp^2混成軌道は，1つのs軌道と2つのp軌道から形成されるため，1つのp軌道が余る。sp^2混成軌道をもつ原子どうしが接近するとsp^2混成軌道を使ったσ結合をまず形成し，2本目の結合としてp軌道どうしの重なりによるπ結合を形成する。三重結合の場合は，sp混成軌道をもつ原子どうしで，まずsp混成軌道によるσ結合を形成し，2本目は同様にp軌道によるπ結合を形成する。さらにsp混成軌道では，p軌道がもう1つ余っているので，2本目の結合とは直交した方向からp軌道を重ねて3本目の結合を形成する。三重結合ではないが，二酸化炭素（CO_2）の炭素原子もsp混成軌道をつくり，余ったp軌道の電子を使って2本の二重結合（三重結合と同様に2つの不飽和結合）を形成していると説明できる（図4.21）。sp混成軌道では，p軌道を使い2本分のπ結合を形成できる。三重結合も二重結合2つもπ結合の数は2つである。

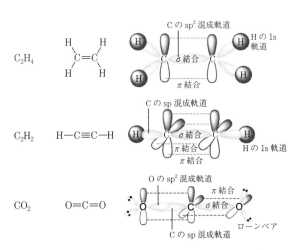

図4.21 不飽和結合の例　上からエテン，エチン，二酸化炭素

そのほか、d軌道が関わる混成軌道として sp³d² 混成軌道についてフッ化キシレン（XeF₄）（xylene fluoride）を例に説明する（**図4.22**）。希ガスは、ほとんど化合物を形成しないため、XeF₄ は、希ガス化合物の珍しい例でもある。sp³d² 混成軌道は、s軌道1つと p軌道3つ、d軌道2つで合計6つの軌道となる。キセノン原子の最外殻電子は、5s軌道と 5p軌道に合計8個である。また、空の 5d軌道をもつため、5s軌道1つ、5p軌道3つと 5d軌道2つを混成して6つの sp³d² 混成軌道を形成する。4つの軌道に1個ずつ電子を配置し、残り2つの軌道には、電子が2個ずつ入るためローンペアとなる。4つの sp³d² 混成軌道とフッ素原子4個が単結合する。VSEPR 理論より、対称性の構造となり、フッ素原子との結合は同一平面となる平面型が予想される。実際に XeF₄ は、平面型であることがわかっている。

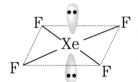

Xe の8個の最外殻電子のうち4個を使い、4個の F とそれぞれ単結合　残り4個は、ローンペア2本に

図4.22 d軌道を含む混成軌道の例（フッ化キセノンにおける sp³d² 混成軌道と分子構造）

4.2.13 バンド理論

分子軌道法の考え方を3章の金属結合に応用してみよう。金属結晶は、数多くの原子が規則正しく並んでいるが、仮想的な共有結合のような結合でつながっており、その結合の間を電子が自由に動き回れると解釈することもできる。ところで分子軌道は、元々の原子軌道の数だけ作られる。金属結晶では、結晶全体の原子が結合を作り、電子を結晶全体で共有していると考えると、新しくできる軌道の数は膨大であり、エネルギー準位の間隔はきわめて狭く、ほぼゼロとみなすことができる（**図4.23**）。

こうなると軌道というよりも電子が入るバンド（帯）とみなしたほうが妥当である。このような考えを**バンド理論**（band theory）と呼ぶ。外部からバン

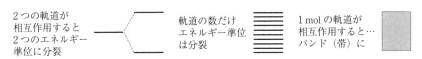

図 4.23 原子軌道から構成されるエネルギー準位のバンド構造

ドへ，わずかでもエネルギーが加えられると，電子はバンド内で高いエネルギー状態となる．熱であれば電子が励起されることで金属結晶全体がすぐに温められる．金属の熱伝導性が高い理由が説明できる．電気エネルギーも同様で，わずかな電圧（電位差）によっても金属結晶内の電子を励起することができる．電子の励起は，電位差をかけた方向に電子を加速するとみなすこともできるので，高い電気伝導性を説明することができる．光であればどのような波長（エネルギー）の光でも電子を励起できる．金属表面に照射された光は電子に吸収され，その直後にエネルギーの損失なく再放出されると考えれば，光の反射が説明できる．また，金属結晶が変形しても結合の数は変わらず，バンドは維持されるので，曲げたり延ばしたりしても金属の熱伝導性や電気伝導性は大きく変わらない．

4.2.14 金属（導体）・半導体・絶縁体

バンド理論のモデルを用いて，**金属（導体）**（conductor）と**半導体**（semiconductor），**絶縁体**（insulator）の違いを説明することができる．金属は，**電気伝導度**（electrical conductivity）が高く，導体と呼ばれる．金属のバンド構造では，あるエネルギーのところまで電子が存在し，それ以上のエネルギー準位には電子が存在していない（**図 4.24**）．このように同じバンド内で電子が詰まっている準位と空の準位が連続しているため，わずかなエネルギーで後述する価電子帯の電子を伝導体に持ち上げることができる．その結果，熱や電気をよく導くことができる．

一方，金属と比べて電気を導かない物質やきわめて導きにくい物質を半導体や絶縁体と呼ぶ．あらゆる物質は，原子核と電子から構成される原子で成り立っているので，外部から大きなエネルギーを与えれば電気を導くことができ

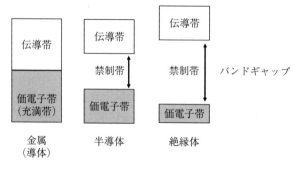

図 4.24　バンド理論からみた金属，半導体，絶縁体

るため，完全な絶縁体は存在しない。それでも，金属ほどではないが，ある程度電気を導く物質を半導体，導かないとみなされる物質を絶縁体と区別している。絶縁体や半導体は，電子が詰まったバンドと空のバンドが連続していない（図 4.24）。電子が詰まった準位を**価電子帯**（または**充満帯**）（valence band）と呼び，電子が入っていない空の準位を**伝導体**（conductive band）と呼ぶ。金属（導体）では，価電子帯と伝導帯が連続していると考えることもできる。電子が入っていない伝導帯に電子を注入することができれば，電気を導くことができる。絶縁体や半導体において，価電子帯と伝導帯の間で電子が存在しないエネルギー準位の領域（電子がそのエネルギー準位のエネルギーをもつことができない準位）を**禁制帯**（forbidden band）と呼ぶ（図 4.24）。この禁制帯の幅を**バンドギャップ**（band gap）と呼ぶ。バンドギャップが比較的小さいと室温程度の熱エネルギーによって，価電子帯の電子がバンドギャップを飛び越して伝導帯に励起され，電気を導くようになる。このような物質が半導体である。

　金属（導体）と半導体の現象論的な違いは，電気伝導度の温度依存性である。金属では，電気の担い手である電子が十分に多く存在しており，温度が上昇すると結晶格子の振動により電子の動きが妨げられるため，電気伝導度がむしろ低下する。一方，半導体では，温度上昇により，伝導帯へ励起される電子が増加する効果のほうが大きいために電気伝導度が上昇する。

　　　　　　　　　　　　　　　　　　　　　4.2　分子軌道法入門　　77

　半導体と絶縁体の違いは，禁制帯の幅（バンドギャップの大きさ）の違いで
ある。室温の熱エネルギー程度では超えることができないほど，バンドギャッ
プが大きい物質が絶縁体に分類される。単体では，炭素の共有結合結晶である
ダイヤモンドが絶縁体として有名である。ダイヤモンドも不純物を導入して価
電子帯から電子を奪う方法や伝導帯に電子を注入することにより，半導体にな
る。このような不純物の導入を**ドーピング**（doping）と呼ぶ。価電子帯から電
子を奪い，正電荷を発生させるとそれが電子のない状態の穴のように振る舞
う。これは，**正孔**（hole）と呼ばれ，正電荷をもった粒子が電気を導くとみな
すことができる。このような半導体を**p型半導体**（p-type semiconductor）と
呼ぶ。一方，伝導帯の電子が電気を導く場合，**n型半導体**（n-type
semiconductor）と呼ぶ。電子と正孔が結びつくとエネルギーが発生し，発光に
つながる。これを利用したのが，**発光ダイオード**（luminescence diode）であ
る。なお，ドーピングを行わなくても熱エネルギーによる価電子帯からの電子
励起で電気伝導性を示す物質を**真正半導体**（intrinsic semiconductor）と呼ぶ。

　金属と異なり，半導体や絶縁体となる物質は，金属イオンと陰イオンから構
成される場合が多い。半導体結晶は，陽イオンと陰イオンのイオン結合性のほ
か，構成原子どうしの共有結合性を併せもつと考えることができる。陽イオン
と陰イオンは，完全な＋または－の電荷をもった粒子が静電引力で凝集してい
るわけではなく，陽イオンと陰イオンの間に電子を共有する軌道が形成され，
上述のバンドが形成されると考えることができる。このとき，禁制帯が広くな
るのが絶縁体である。

4.2.15　量子ドット

　ナノメートルサイズの半導体結晶は，大きさで色が変わる場合がある。十分
に大きな結晶の場合，価電子帯と伝導帯のエネルギーギャップは，結晶のサイ
ズにほとんど依存せず一定とみなすことができる。一方，十分に大きな結晶
（バルク結晶）と原子との中間的なサイズとみなせるナノメートルサイズの結
晶などの場合には，エネルギーギャップがサイズに大きく依存して変わる。

ナノメートルサイズのセレン化カドミウム（CdSe）や硫化カドミウム（CdS）のエネルギーギャップは可視光のエネルギーに相当し、光励起状態から発光するため、**量子ドット**（quantum dot）の材料としてよく知られている。結晶が小さいとエネルギーギャップは大きく、逆に結晶が大きいとエネルギーギャップが小さくなる。したがって、結晶の粒子が小さいと短波長の光を吸収するので、吸収されにくい長波長の光が結晶粒子の色となり、赤色に近づく。逆にサイズが大きくなると吸収する光のエネルギーが小さくなり、長波長の光が吸収されるため、吸収されにくい短波長の光が結晶粒子の色として観測されるため青色に近づく。

このようにサイズに依存して色が変わるナノメートルサイズの半導体結晶（ナノ微粒子）を量子ドットと呼ぶ。これとは逆の原理で、量子ドットが発光

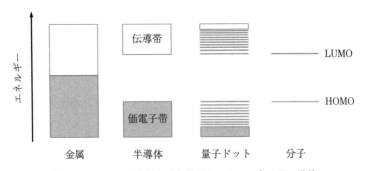

図4.25 バンド理論からみた量子ドットのエネルギー準位

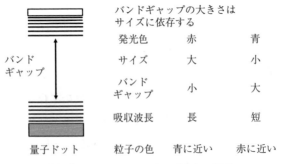

図4.26 量子ドットのサイズと色の関係

章 末 問 題　79

するときの色は，サイズが小さいほど，短波長になり，青色に近づき，サイズ
が大きいと長波長になり，赤色に近づく。**図 4.25** に量子ドット，金属，半導
体，分子のエネルギー準位の関係を示す。また，**図 4.26** に量子ドットのサイ
ズと色，発光色の関係を示す。

ま　と　め

・共有結合，ルイス構造，ローンペア，オクテット則
・形式電荷と酸化数，共鳴
・原子軌道と分子軌道
・結合性分子軌道：結合形成を促進する軌道
・反結合性分子軌道：結合形成を邪魔する軌道
・非結合性分子軌道：結合形成に無関係な軌道
・σ軌道とπ軌道（σ結合とπ結合）
・軌道の対称性，ゲラーデ（g）とウンゲラーデ（u）
・分子軌道法と結合次数
・等核二原子分子のエネルギー準位図：N_2，O_2，F_2 のエネルギー準位図
・異核二原子分子の例とそのエネルギー準位図
・混成軌道と分子構造
・電子対反発則（VSEPR 理論）
・バンド理論：分子軌道の考え方から金属結晶の性質の説明
・金属（導体），半導体，絶縁体の違い
・量子ドットとは何か，サイズと色，発光色の関係

章 末 問 題

1. 水素分子（H_2），窒素分子（N_2），酸素分子（O_2），二酸化炭素（CO_2），一酸化炭
   素（CO）をそれぞれルイス式で記し，ローンペアを特定せよ。また，形式電荷
   をもつ場合は，ルイス式に書き加えよ。
2. 酢酸イオン（CH_3COO^-）の共鳴構造を記せ。

80   4. 分   子

3. リチウム分子（Li_2）は存在し得るであろうか？分子軌道法を用いて考察せよ。

4. 酸素分子（O_2）が常磁性である理由を分子軌道から説明せよ。

5. 分子軌道において，σ_g, π_g, σ_u^*, π_u^* で表される軌道の例を図示せよ。

6. アンモニア（NH_3）における H-N-H の角度（106.7°）が水（H_2O）における
   H-O-H の角度（104.5°）よりも大きい理由を説明せよ。

7. フッ化キセノンの構造異性体には，どのような形が考えられるか？

8. 鏡が光を反射する原理を説明せよ。

9. 導体と半導体の電気伝導度における温度依存性を説明せよ。

10. 量子ドットのサイズと発光色の波長との関係を説明せよ。

5. 典型元素

5.1 元素の各論

　この章では，典型元素の各論について学ぶ。元素の性質について，暗記ではなく，性質を理解するつもりで読み進んでほしい。各元素の違いは，原子番号すなわち，原子核を構成している陽子数の違いである。陽子数が異なると電子数も変わってくる。また，電子が配置される軌道も変わる。その電子配置と数が元素の性質を決めている。そこで，各元素について議論するとき，まず電子配置から説明することにする。この章では，**典型元素**をすべて扱うわけではなく，図5.1に示す代表的な元素に限定する。

族\周期	1	2	3	4	5	6	7	8	9	10	11	12	13	14	15	16	17	18
1	H																	He
2	Li	Be											B	C	N	O	F	Ne
3	Na	Mg											Al	Si	P	S	Cl	Ar
4	K	Ca	Sc	Ti	V	Cr	Mn	Fe	Co	Ni	Cu	Zn	Ga	Ge	As	Se	Br	Kr
5	Rb	Sr	Y	Zr	Nb	Mo	Tc	Ru	Rh	Pd	Ag	Cd	In	Sn	Sb	Te	I	Xe
6	Cs	Ba	ランタノイド	Hf	Ta	W	Re	Os	Ir	Pt	Au	Hg	Tl	Pb	Bi	Po	At	Rn
7	Fr	Ra	アクチノイド	Rf	Db	Sg	Bh	Hs	Mt	Ds	Rg	Cn	Nh	Fl	Mc	Lv	Ts	Og

ランタノイド	La	Ce	Pr	Nd	Pm	Sm	Eu	Gd	Tb	Dy	Ho	Er	Tm	Yb	Lu
アクチノイド	Ac	Th	Pa	U	Np	Pu	Am	Cm	Bk	Cf	Es	Fm	Md	No	Lr

図5.1　本章で扱う元素

82   5. 典 型 元 素

5.2 水　　素

　水素（hydrogen）は原子番号1の元素であり，原子核を構成する陽子の数は1個である。純粋に陽子1個だけが一般的な水素の原子核である。最も単純な元素であり，全宇宙に存在する元素の77%が水素と考えられている。

5.2.1　水素の同位体

　一般的な水素の原子核は，陽子1個で構成され，中性子をもたない。この水素を**軽水素**（light hydrogen）と呼び，^1H と表し，単に H と記述する場合は軽水素を表す。中性子を1個もつ場合，^2H または D と表し，**重水素**（deuterium）と呼ぶ。さらに中性子をもう1個（計2個）もつ場合，^3H または T と表し，**三重水素**（tritium）と呼ぶ。

　中性子の質量は陽子とほぼ同じであり，電子は非常に軽いため，重水素と三重水素の質量は，軽水素に比べて，それぞれおよそ2倍と3倍になる。すなわち，2倍と3倍の重さになるといえる。軽水素と重水素は安定同位体である。化合物中の軽水素を重水素に置き換えると，部分的に質量が2倍になるため，物理的性質や化学反応性に影響する。例えば，水分子（H_2O）の水素を重水素に替えた重水（D_2O）では，酸素原子と水素原子の結合における振動がゆっくりになる。振動数は**換算質量**（reduced mass）（酸素原子と水素原子の質量の積÷これら原子の質量の和）の平方根に反比例するため，D_2O における酸素原子と水素原子の振動数は H_2O のおよそ1.4分の1（約70%）になる。軽水中と重水中で化学反応速度などは大きく変わる場合がある。このように化合物中の原子をその同位体と置き換えることによる化学反応や物理過程への影響を**同位体効果**（isotope effect）と呼ぶ。水素と重水素の同位体効果は，水素の原子核が全元素で最も軽いことから，顕著である。

　もう1つの同位体である三重水素は，放射性同位体である。陽子数に比べて中性子数が多すぎるため，中性子が陽子と電子，**反電子ニュートリノ**（electron antineutrino) ($\bar{\nu}_e$) へ変わる **β崩壊** (ベータ崩壊) (beta decay) が起こる。

$$n \rightarrow p + e^- + \bar{\nu}_e \tag{5.1}$$

$$T (または {}^3H) \rightarrow {}^3He + e^- (\beta 線) + \bar{\nu}_e \tag{5.2}$$

ここで，反電子ニュートリノは，物質とほとんど相互作用せず，質量の変化も通常は観測することができないので，化学において，反電子ニュートリノの生成は無視してもほとんど問題ない。中性子から陽子が生成し，陽子数が1つ増加するために水素はヘリウムに変わる。また，電子は**電子線** (electron beam) (β線 (beta ray)) として放出されるが，これは**放射線** (radiation) であり，いわゆる**被ばく** (exposure) を引き起こす。三重水素の半減期 (9章参照) は，12.3年であり，放射線を発する能力を表すいわゆる**放射能** (radioactivity) は，12年くらい経過すると半分になる。表5.1に水素の同位体，原子，単体分子，化合物である水分子の物性の例を示す。

表5.1 水素の同位体，原子，単体分子，化合物の物性

名称・記号	質量数 (中性子数)	原子核の安定性	分子 (H_2) の融点, 沸点	化合物 (H_2O) の 融点, 沸点
軽水素・H	1 (0)	安定	14 K, 20 K	273 K, 373 K
重水素・D	2 (1)	安定	19 K, 24 K	277 K, 375 K
三重水素・T	3 (2)	放射性, β崩壊, 半減期12.3年	19 K, 25 K	282 K, 377 K

5.2.2 水素分子と原子核のスピン

水素の原子核である陽子は，電子と同じ大きさで符号が逆の電荷をもち，古典的な回転に相当するスピン量子数を2通りもつ (図5.2)。後述する水素分子は，2個の水素原子から構成される二原子分子であるが，スピン量子数が同じ場合と逆になる場合の2通りがあり，同じ場合を**オルト水素** (ortho

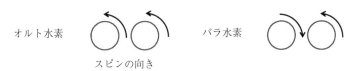

図5.2 オルト水素とパラ水素の模式図

hydrogen），異なる場合を**パラ水素**（para hydrogen）と呼ぶ。パラ水素のほう
が安定であり，絶対零度近くでは，ほぼすべてパラ水素となるが，常温ではエ
ネルギー準位が高いオルト水素のほうが多く（75%程度）なる。

5.2.3　水素原子の電子配置と化学的性質

　水素原子の電子配置は，$1s^1$ と表される。1s 軌道に電子を 1 個もつという
ことである。水素原子（軽水素）が電子を 1 個失うと 1 個の陽子になる。いわ
ゆる**水素イオン**（hydrogen ion）（H^+）である。水素イオンは，水（H_2O）の
電離によっても生じ，さまざまなところに登場する重要な物質といえる。

　水素は電子を失いやすいといえ，自らは酸化され，相手を還元する作用が強
い。そこで，還元の定義の 1 つとして水素原子との結合が使われる。水素分子
や水素化合物の多くは，還元剤として用いられる。しかし，酸化や還元は，相
手がいて初めて成り立つ概念である。周期表における同族元素のイオン化エネ
ルギーは，周期番号の増加（原子番号の増加）に従って小さくなることを 2 章
で述べた。すなわち自ら酸化されやすく，相手を還元する作用が強まる。

　水素は，第 1 周期の第 1 族元素であるから，第 2 周期以降の第 1 族元素のほ
うが，水素よりも還元作用が強いと予想される。次の 5.2 節で述べるアルカリ
金属に分類される第 1 族で第 2 周期以降の金属元素は，水素よりも還元作用が
強い。還元剤の代表ともいえる水素であってもアルカリ金属の前では，むしろ
酸化剤として働いてしまう。水素の電子配置は $1s^1$ だが，1s 軌道には，もう
1 個電子が入ることができ，$1s^2$ となると 1s 軌道が電子で満たされる。水素
は，アルカリ金属などの還元力が強い物質から電子を受け取ると 1 価の陰イオ
ンとなる。H^- と表され，**水素化物イオン**（hydride ion）と呼ばれる。陽イオ
ンの H^+ は，水素イオンと呼ぶが，陰イオンとなる場合，「～化物イオン」と
なることに注意してほしい。このように水素は，中性原子である H，陽イオン
である H^+ と陰イオンである H^- の状態を取ることができる。

5.2.4 水素の化合物1：塩類似水素化物

水素の化合物として，まず，H⁻から構成される物質について述べる。H⁻は，陰イオンであるので，金属陽イオンとイオン結合で化合物を形成する（**図 5.3**）。

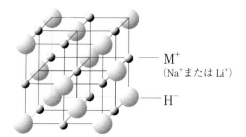

図 5.3 塩類似水素化物の構造の例：NaH や LiH は岩塩型構造

水素は小さい原子であるが，H⁻のイオン半径は比較的大きく，208 pm と見積もられている。フッ化物イオン（F⁻）と塩化物イオン（Cl⁻）のイオン半径は，それぞれ 136 pm と 181 pm であるが，H⁻ はこれらよりも大きい。もとの水素原子の大きさ（共有結合半径：37 pm）と比べてもかなり大きいイオンであるといえる。主として，H⁻ はアルカリ金属イオンや第二族の金属イオンなどとイオン結合性の化合物を形成する。これらの化合物は，**塩類似水素化物**（saline hydride, salt-like hydride）と呼ばれる。塩類似水素化物は，還元力の強い水素がさらに電子をもった状態の H⁻ から構成されているため，非常に還元力が強い化合物である。代表的な塩類似水素化物を**表 5.2** に記す。白色また

表 5.2 塩類似水素化物の例

名　称	化学式	色	水との反応性と性質
水素化リチウム	LiH	無色	激しく反応
水素化カルシウム	CaH₂	無色	激しく反応 脱水作用を利用し，乾燥剤
水素化アルミニウムリチウム	LiAlH₄	白色	激しく反応 脱水作用を利用し，乾燥剤 強い還元剤として有機合成などに使用
水素化ホウ素ナトリウム	NaBH₄	白色	反応はゆっくり。水に溶かして還元剤として使用可能だが，やがて分解

86   5. 典 型 元 素

は無色の物質が多い。これは，イオン結合性のため自由電子をもたず，またバンドギャップが広いため，電子を可視光で励起できないことを示している。還元作用が強いほか，化学反応性が高く，水と激しく反応することで脱水作用を示すこともあり，乾燥剤として用いられる化合物もある。特に，有機溶媒中に溶け込んだ水を除去するために塩類似水素化物の固体（粉末）を投入して用いることがある。

5.2.5　水素の化合物 2：分子性水素化物

水素原子と共有結合により形成される化合物を**分子性水素化物**（molecular hydride）と呼ぶ。分子と呼ばれることから，構成される化合物は，原子の組成とその数が決まっている。

例えば，水（H_2O）も分子性水素化物の例であるが，必ず水素原子 2 個と酸素原子 1 個から構成される。分子性水素化物には，危険な物質が多い（**表5.3**）。

表5.3　分子性水素化物の例

名　称	化学式	状態 （常温常圧）	危険性など	化学反応性
ジボラン	B_2H_6	無色気体	猛毒，特異臭 爆発，火災	湿った空気と激しく反応
シラン	SiH_4	無色気体	猛毒，特異臭 爆発，火災	酸素と爆発的に反応
アンモニア	NH_3	無色気体	有毒，刺激臭	水によく溶ける。気体は高温で引火。 金属イオンと配位結合
ホスフィン	PH_3	無色気体	猛毒，刺激臭 火災	空気中で自然発火
硫化水素	H_2S	無色気体	猛毒，腐卵臭	水によく溶ける。酸素によりゆっくり 酸化されて硫黄を生成
フッ化水素	HF	無色液体 沸点 19.5℃	腐食性	水溶液は弱酸。高純度フッ化水素は工 業的に重要

5.2.6 水素の化合物3：金属類似水素化物

次に**金属類似水素化物**（metal-like hydride）は，金属結晶の格子の隙間に水素原子が入り込んだ侵入型合金の一種である。遷移金属結晶の中に水素分子が取り込まれ，H^- の状態で合金化していると考えることができる。温度変化などにより，可逆的に水素分子の状態として取り出すことができる場合があり，水素吸蔵に利用することができる。

5.3 希ガス（貴ガス）

元素を原子番号順に並べたとき，水素の次の元素は，ヘリウムである。ヘリウムは，第2族ではなく，第18族に配置されている。第2族は，s軌道に電子を2個もつ元素であるが，最外殻に空のp軌道をもつというヘリウムとは大きな違いがある。そのため，ヘリウムは第2族に配置されている元素とは性質が大きく異なる一方で，最外殻が電子で満たされているという特徴が共通するため，他の18族元素と性質がよく似ている。

第18族元素は，s軌道とp軌道からなる最外殻が電子で満たされている（ヘリウムは，1s軌道のみ）という特徴がある。最外殻の電子配置は，一般に主量子数を n とすると，ns^2np^6 $(n \geq 2)$（または $1s^2$）と記述される。これら第18族元素は，**希ガス**（または**貴ガス**）と呼ばれる。

希ガス元素は，同周期の中で最も陽子数が多いため，原子核から最外殻電子への引力は最も強い。したがって，電子が奪われにくいため，イオン化エネルギーが大きい。また，希ガス元素の原子に電子を与えようとすると最外殻よりも外側の軌道に加えることになるため，原子核からの引力が有効に働かず，うまく電子を受け取ることができない。したがって，希ガス元素は，電子を奪うことも与えることも難しい。さらに最外殻が電子で満たされているため，共有結合の形成も難しい。その結果，希ガス元素は，原子単独でも非常に化学的に安定となり，裸の原子1つでも安定で分子のような状態であることから，単原子分子と呼ばれる。

88   5. 典 型 元 素

　希ガスは，非常に安定であるが，化合物をまったく形成しないわけではない。Xe が d 軌道を使って化合物を形成する例を 4 章で示した。とは言っても，希ガス元素は化学的に安定であり，化学的に不安定な物質の周囲を希ガスで満たすと化学的に安定化できる。例えば，アルゴンガスを封入し，酸素を追い出すことで物質の酸化を防止することができる。このような安定な気体を**不活性ガス**（inert gas）と呼ぶ。

　希ガスの中でヘリウムは，最も温度の低い液体になることが知られており，低温技術において重要な材料である。超電導材料など，低温を要する物質を冷却する場合，形を自在に変えられる液体が適している。気体も形を自在に変えられるが，熱容量が小さいため，有効に熱を奪って冷やすことができない。何より，低温では気体の状態でいることが難しい。ヘリウムは 4 K で液体となり，1 気圧では固体にすることはできないとされている。これには，完全な絶対零度に到達することは不可能であることも関係しているが，仮に絶対零度に到達できても量子力学的効果である**零点振動エネルギー**（zero-point vibration energy）のため，固体にはなれないと考えられている。また，絶対零度付近の液体ヘリウムは，容器の壁を自発的に昇る**超流動**（superfluidity）の状態となる。

　希ガスは化学的に安定なため，化学反応にはほとんど無関係であるが，物理的には重要な物質である。上述のように最も冷たい液体であるヘリウムのように冷媒としても重要である。その他，レーザーの材料として重要である。希ガス元素の電子を電気エネルギーで励起すると元の状態に戻るときに発光する現象を利用している。この現象は，希ガスに限らず，さまざまな原子や化合物で起こる現象であるが，希ガス元素が化学的に安定であるため，電気エネルギーによって化学的に分解されないという特徴を利用している。例えば，ヘリウム-ネオンレーザーは，波長 632.8 nm の赤色光のレーザーとして用いられている。

5.4 アルカリ金属

　周期表で最も左側（すなわち第1族）に位置する水素以外の元素を**アルカリ金属**（alkali metal）と呼ぶ。その名称のとおり，金属である。最外殻の電子配置は，主量子数を n とすると，ns^1 であり，s 軌道に1個の電子をもつ。最外殻の p 軌道は空である。第1族で第1周期の水素は，同じ水素原子どうしで共有結合を形成すると最外殻が電子で満たされるが，第2族以降は，最外殻が s 軌道と p 軌道であるため，H_2 のように，例えば，Li_2 や Na_2 のような二原子分子となっても最外殻は電子で満たされることはなく安定化しない。Li_2 や Na_2 の状態は，気体状態では生成することがあるが，常温常圧の状態で自発的に生成する状態ではない。そこで，アルカリ金属と呼ばれる第1族第2周期以降の元素は，多数の原子が集まって整列し，1個の最外殻電子を全体で共有する方法で安定化する。いわゆる金属結合（3章参照）である。

5.4.1　アルカリ金属単体の性質

　アルカリ金属元素は，同周期の元素の中では，陽子数が最も少ないため原子半径が大きく，イオン化エネルギーは小さい。原子半径が大きいということは，電子が大きく広がっていることを意味し，原子どうしが接近しすぎると広がった電子により反発が起こる。そこで，アルカリ金属の結晶構造は，最密充填ではなく，多少隙間が大きい体心立方格子となる。また，原子どうしの結びつきはそれほど強固でないことから，金属の中でも比較的柔らかく，融点や沸点も比較的低い。アルカリ金属は，原子番号の増加に伴い，原子半径が大きくなる。原子半径が大きくなると結合が弱くなり，融点と沸点が低下し，モース硬度が小さく（やわらかく）なることが**表5.4**からわかる。また，原子番号の増加に伴い，原子量も大きく（重く）なるため，密度は高くなる。

　アルカリ金属は，特徴的な炎色反応を示す。原子またはイオンいずれでも起こる現象である。アルカリ金属の内殻電子が熱エネルギーによって励起され，

90   5. 典 型 元 素

表5.4 アルカリ金属の性質1

名 称	元素記号	原子半径 pm	融点 ℃	沸点 ℃	モース硬度	密度 g cm^{-3}
リチウム	Li	152	180	1330	0.6	0.53
ナトリウム	Na	186	98	883	0.5	0.97
カリウム	K	227	63	759	0.4	0.86
ルビジウム	Rb	248	39	688	0.3	1.53
セシウム	Cs	265	28	671	0.2	1.93

元の軌道に戻るときに光が放出されることによる。アルカリ金属原子のイオン化エネルギーは，原子番号の増加に伴って小さくなる。すなわち酸化されやすくなる。アルカリ金属は，電子を1個失うと1価の陽イオンになる。すなわち，アルカリ金属原子をM，アルカリ金属イオンをM$^+$として

$$M \rightarrow M^+ + e^- \tag{5.3}$$

アルカリ金属のイオン化エネルギー（第一イオン化エネルギー）は，比較的小さいが，第二イオン化エネルギーは，かなり大きい。アルカリ金属の原子から電子を2個取り出す場合，2個目は，内殻の軌道から奪うことになるため，2価以上の陽イオンにはなりにくいことがわかる。このように1価の陽イオンの状態が比較的安定であり，アルカリ金属の陽イオンと電子を受け取りやすい物質の陰イオンによる化合物が形成されやすい。アルカリ金属の単体は，化学反応のとき電子を失う場合が多いが，原子番号が大きいほど，電子を失いやすいので，化学反応性は高くなる。**表5.5**にアルカリ金属の単体と水との反応性

表5.5 アルカリ金属の性質2

名 称	元素記号	炎色反応	イオン化エネルギー kJ mol^{-1}	第二イオン化エネルギー kJ mol^{-1}	水との反応性	昇華熱 kJ mol^{-1}
リチウム	Li	赤（深紅）	520	7298	ゆっくり	159
ナトリウム	Na	黄色	496	4562	激しい	109
カリウム	K	紫	419	3052	爆発的	89
ルビジウム	Rb	暗赤色	403	2632	爆発的	86
セシウム	Cs	青紫	378	2234	爆発的	76

の大きさを示している。

　リチウム（lithium）は，ゆっくりと酸化されていく程度であるが，**ナトリウム**（sodium）では，激しい反応が起こり，水と触れた瞬間に発火する。**カリウム**（potassium）以下では，激しすぎて比較が難しい。カリウム，**ルビジウム**（rubidium），**セシウム**（cesium）は，水と爆発的に反応すると表現される。水との反応性の高さは，セシウム〉ルビジウム〉カリウムと考えられるが，実験で客観的に判定するのは難しい。金属ナトリウムを有機合成などにおいて，還元剤として用いる場合があるが，そのとき，専用の消火器などを用意する必要がある。また，発火した場合には，絶対に水をかけてはならない。表5.5の最後に，3章で扱ったボルン・ハーバーサイクルを用いた格子エンタルピーの計算に必要な単体の昇華熱を載せる。昇華熱は，表5.4の物性値と比較したほうがよいと思うが，原子番号の増加に伴って小さくなっている。

5.4.2　アルカリ金属単体の製法

　アルカリ金属は，化学反応性がきわめて高いため，自然界に単体として存在しない。基本的に1価の陽イオンの状態が安定であり，イオン結合性の化合物として存在する。単体を得るためには，陽イオンであるアルカリ金属イオン（金属塩）を還元して0価の原子にすればよい。しかし，アルカリ金属はあらゆる物質の中で特に強力な還元剤であるため，これらを化学的に還元することは，ほぼ不可能である。そこで，電気化学的な還元法が用いられる。これは，金属塩を高温で融解し，液体にしてから電極を用いて電子を注入することで還元する方法である。まさに力業で陽イオンを単体の状態に還元する方法といえる。化学反応式で書くと

$$M^+ + e^- \rightarrow M \tag{5.4}$$

である。この反応は，金属塩の溶液（水溶液など）ではなく，金属塩自身を高温で液体にする必要があるということに注意してほしい。アルカリ金属イオンを含む水溶液を電気分解しても，このような還元反応は起こらない。

92　5. 典　型　元　素

5.4.3　アルカリ金属のイオン化傾向

　溶融塩の電気化学反応ではないが，アルカリ金属イオンについて，電気化学的に考えてみたい。アルカリ金属は，水溶液中でも陽イオンの状態が安定である。各元素の陽イオンへのなりやすさを**イオン化傾向**（ionization tendency）と呼ぶ。イオン化傾向が大きな物質の単体と小さな物質のイオンを用いると，大きなほうから小さなほうへ電子が動いて，電池の原理になる。

　このようなイオン化傾向を電気化学に従えば，数値で表すことができる。元素単体がイオンになる場合や，逆にイオンが電子をもらって単体に戻る現象が電気化学反応（または酸化還元反応）である。原子に含まれる電子は，ある位置エネルギーをもっており，その位置エネルギーが高いほど，外に放出されやすい（イオン化傾向が大きい）と考えることができる。電子の位置エネルギーを表すのが**電極電位**（electrode potential）である。アルカリ金属水溶液が関わる**標準電極電位**（standard electrode potential）を**表5.6**に記す。

表5.6　アルカリ金属の標準電極電位と
イオン化傾向の順番

名　　称	元素記号	標準電極電位 V vs. SHE	イオン化傾向の順番
リチウム	Li	-3.045	1
ナトリウム	Na	-2.714	5
カリウム	K	-2.925	2
ルビジウム	Rb	-2.924	3
セシウム	Cs	-2.923	4

　電極電位は，電子がもつ位置エネルギーであるが，この位置エネルギーを絶対値で表すのは難しいため，基準となるエネルギー準位を用いた相対値で表す。よく用いられるのが，**標準水素電極**（standard hydrogen electrode）である。これは，水素ガスから電子を取り出すと水素イオンと電子になるが，この電子が出入りするエネルギー準位を指す。電子の位置エネルギー（エネルギー準位）が低いときは，物質の中（このときは水素分子）に電子は閉じ込められているが，位置エネルギーが高くなると外に出ることができる。逆に外にいる

電子もエネルギーを失うと水素イオンに捕まってしまうため，電子が陽イオンに捕まるときの位置エネルギーということもできる．この位置エネルギーを表す物理量が標準水素電極を基準として測定した標準電極電位であり，SHE (standard hydrogen electrode の頭文字) という記号を用いて表す．なお，水素の電極電位は水素ガスの分圧とそれに接している水溶液の水素イオン濃度に依存するが，標準水素電極は，水素ガスの分圧が標準状態（1.01325×10^5 Pa，25℃），水素イオンの**活量** (activity) が1のときを基準にしている．表5.6に記した vs. SHE とは，標準水素電極を基準にした値という意味である．水素分子の標準電極電位は，これ自身が基準となっているので0とみなす．SHE を基準にしたアルカリ金属元素の標準電極電位を表5.6にまとめた．

電極電位は，電子の電荷が負の値をもつことに対応して，負の値は高い位置エネルギーを意味している．電極電位の値が負で，絶対値が大きいほど，位置エネルギーが高く，電子を放出しやすい．逆にみると，高いエネルギーをもつ電子でないと，対応する陽イオンに注入して還元することができない（還元が難しい）ことを意味している．電子の位置エネルギーと電極電位の関係を**図5.4**に示す．アルカリ金属元素では，原子番号が大きいほど，化学反応性が高くなるが，標準電極電位やイオン化傾向との順番は，一致していない．これ

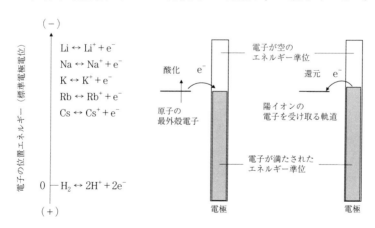

図 5.4　電子の位置エネルギー（電極電位）と
　　　　原子（陽イオン）-電極間の電子授受のイメージ

は，陽イオンになった後，陽イオンと水分子との相互作用（水和）など，他の要因が関係するためである。

5.4.4 アルカリ金属のイオンの大きさと水和半径

アルカリ金属イオンの大きさと水溶液中での水和半径について考える。水溶液中で，イオンは水分子との相互作用，すなわち水和を受けている。水分子の酸素は部分的に負の電荷をもつため，陽イオンには，水分子の酸素原子を向けて水和する。このとき，小さい陽イオンほど，水分子を多く水和させることができるため，陽イオンと**水和水**（hydration water）を含んだ塊のような状態が形成され（図 5.5），実質的な大きさはむしろ大きくなる（表 5.7）。

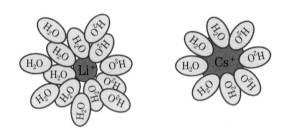

イオン半径： 小　　　　　　　大
水和半径： 大　　　　　　　小

図 5.5 イオン半径と水和半径の関係（イメージ）

表 5.7 アルカリ金属のイオン半径と水和半径

元素	化学式	イオン半径 Å	水和半径 Å
リチウム	Li^+	0.90	3.40
ナトリウム	Na^+	1.16	2.76
カリウム	K^+	1.52	2.32
ルビジウム	Rb^+	1.66	2.28
セシウム	Cs^+	1.81	2.28

5.4 アルカリ金属　95

5.4.5　アルカリ金属のアンモニアへの溶解

アルカリ金属の単体は液体アンモニアに溶解する。このとき，アルカリ金属元素の種類によらず，青色（濃い場合，ブロンズ色）になる。この色は，溶媒和電子による呈色で説明される。すなわち，液体アンモニアに溶けたアルカリ金属の原子は，陽イオンと電子に分かれ，電子にはアンモニア分子が溶媒和する。アンモニアの水素は，部分的に正の電荷をもつため，電子の周りに水素を向けてアンモニア分子が集まる。これをアルカリ金属の原子を M として，化学反応式で表すと次のようになる。

$$M + nNH_3 \rightarrow M^+ + e^-(NH_3)_n \tag{5.5}$$

この溶液からアンモニアが蒸発すると金属を回収できる。したがって，この溶解の過程は可逆的である。このような現象は，アルカリ金属と水では起こらない。アルカリ金属は，水と不可逆的に反応して，アルカリ金属の水酸化物（アルカリ金属の陽イオンと水酸化物イオン）と水素分子が生成する。すなわち

$$2M + 2H_2O \rightarrow 2MOH + H_2 \tag{5.6}$$

$$(2M + 2H_2O \rightarrow 2M^+ + 2OH^- + H_2)$$

の反応が起こる。上述のようにアルカリ金属と水の反応は，リチウム以外，激しく起こり，非常に危険である。

5.4.6　アルカリ金属イオンを有機溶媒に溶かす方法

一般に，アルカリ金属の塩，アルカリ金属イオンを水以外の溶媒に溶かすことは難しい。しかし，**クラウンエーテル**（crown ether）のような物質と錯体を形成することで，有機溶媒に溶かすことが可能となる。クラウンエーテルとは，環状のポリエーテルであり，その例を**図5.6**に示す。

クラウンエーテル自身は水には溶けず，クロロホルムのような水と混ざらない有機溶媒に溶ける。アルカリ金属塩をクラウンエーテルが溶けている有機溶媒に混ぜると，金属イオンとクラウンエーテルの酸素原子のローンペアとの静電的な相互作用で錯体が形成する。このとき，金属イオンのサイズとクラウンエーテルのサイズが重要である。このような相互作用を**ホスト-ゲスト相互作**

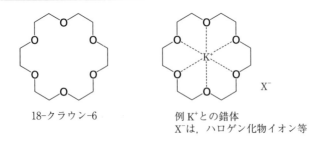

図 5.6 クラウンエーテルの例（18 という数字は，環を構成する原子の数で，最後の 6 という数字は酸素原子の数を表している）

用（host-guest interaction）（**ホスト-ゲスト錯体**（host-guest complex））と呼ぶ。ホストとは受け入れ側であり，クラウンエーテルがホスト，金属イオンがゲストである。クラウンエーテルの酸素の一部または全部を窒素や硫黄に置き換えたクラウンエーテルも合成されており，それぞれ**アザクラウンエーテル**（aza-crown ether），**チオクラウンエーテル**（thia-crown ether）と呼ばれる。「アザ」とは，窒素を含む場合に使われ，「チオ」は，硫黄を含む場合に使われる。また，酸素と窒素を両方含み，単純な環状ではなく，立体的に金属イオンを捕まえることができる**クリプタンド**（cryptand）と呼ばれる化合物も合成されている。

5.4.7 アルカリ金属の酸化物とその他の化合物

アルカリ金属は，陽イオンになりやすいため，さまざまな陰イオン性の物質と化合物を形成する。例えば，酸化物イオンなど，酸素由来の陰イオンと複数のパターンの化合物を形成する。このとき，アルカリ金属の原子は，見かけ上，複数の酸化数を取る。ナトリウムの酸化物の例を**表 5.8** にまとめている。

中性の化合物の酸化数は合計で 0 になる。酸素原子 1 個当りの酸化数を -2 とすると，Na_2O の組成式の化合物では，ナトリウム原子の酸化数は $+1$ となる。これは，ナトリウムの一般的な状態である 1 価の陽イオンに相当し，通常の酸化物である。Na_2O_2 では，同様に計算するとナトリウムの酸化数は $+2$ となる。これは酸化数 $+1$ となる酸化物よりも高い酸化状態にあるとみなされ，

表5.8 ナトリウムの酸化物の例

酸化物の分類	組成式	Naの見かけ上の酸化数	化合物の構成
酸化物	Na_2O	+1	Na^+ と O^{2-} が2:1で構成
過酸化物	Na_2O_2	+2	Na^+ と過酸化物イオン（O_2^{2-}, -O-O-）が2:1で構成
超酸化物	NaO_2	+4	Na^+ と O_2^- が1:1で構成

過酸化物と呼ばれる。しかし，ナトリウム1個当りから電子2個が取られているのではなく，Na^+ と過酸化物イオン（O_2^{2-}, -O-O-）から構成されている。

次に NaO_2 では，ナトリウムの酸化数は，見かけ上+4になる。さらに高い酸化状態ということで超酸化物と呼ばれる。その化合物の正体は，Na^+ と O_2^-（超酸化物イオン）が1:1で結晶を形成したものである。このように過酸化物や超酸化物も構成成分であるナトリウムの状態は，いずれも Na^+（酸化数は+1）である。アルカリ金属は，その他の陰イオンとさまざまな塩を形成する。特に，ハロゲンは，1価の陰イオンになるが，アルカリ金属とは1:1のイオン結晶を形成する。酸化物，ハロゲン化物の塩のほか，炭酸塩，硝酸塩，硫酸塩，炭化物，水酸化物，窒化物など，アルカリ金属の陽イオンから構成されるさまざまな化合物が知られている。

5.5 アルカリ土類金属（第2族元素）

現在の周期表において，アルカリ金属の隣に配置されている第2族元素は，**ベリリウム**（beryllium）と**マグネシウム**（magnesium）を除いて**アルカリ土類金属**（alkali earth metal）と呼ばれる（ベリリウムとマグネシウムを含めて，第2族元素すべてをアルカリ土類金属と分類する場合もある。）。いずれにしても，第2族元素は，すべて金属である。

また，ベリリウムとマグネシウムは，他の第2族元素と性質があまり似ていないということがいえる。例えば，アルカリ土類金属に分類される**カルシウム**（calcium）以上の原子番号をもつ第2族元素は，特徴的な炎色反応を示すがべ

98 5. 典 型 元 素

リリウムとマグネシウムでは観測されない。これは，熱励起された原子やイオンが可視光の領域に発光しないということで原子における本質的な違いというわけではないが，わかりやすい違いであるといえる。また，アルカリ土類金属は，イオン性の化合物をつくりやすいが，ベリリウムとマグネシウムは，イオン結合よりも共有結合性の化合物を形成しやすいという違いがある。

5.5.1 アルカリ土類金属（第2族元素）単体の一般的な性質

第2族元素の原子の最外殻電子配置は，ns^2 $(n \geq 2)$ であり，s軌道に2個の電子をもつ。電子を2個失った2価の陽イオンが比較的安定な状態である。アルカリ金属と比較すると電子をさらに1個多く失う必要がある。すなわち，第2族元素の原子のイオン化は，次の化学反応式で表すことができる。

$$M \rightarrow M^{2+} + 2e^- \tag{5.7}$$

電子を失うといっても簡単ではなく，エネルギーが必要である。また，同周期のアルカリ金属よりも原子核の陽子数が1つ多いため，電子に働く引力もアルカリ金属より強く，簡単に電子が取れるわけではない。そのため，第2族元素は，アルカリ金属よりも酸化されにくい。すなわち，アルカリ金属よりも化学反応性が低い。第2族元素の性質を**表5.9**と**表5.10**にまとめる。

表5.9 第2族元素の性質1

名　称	元素記号	結晶構造	融点 ℃	沸点 ℃	モース硬度	密度 g cm^{-3}
ベリリウム	Be	六方最密 [a]	1287	2469	6.5	1.85
マグネシウム	Mg	六方最密 [a]	650	1091	2.5	1.74
カルシウム	Ca	立方最密 [b]	842	1484	1.75	1.55
ストロンチウム	Sr	立方最密 [b]	777	1382	1.5	2.64
バリウム	Ba	体心立方	726	1637	1.25	3.51
ラジウム	Ra	体心立方	700	1737		5.5

[a] 体心立方格子構造をとることもある。
[b] 六方最密充填構造，体心立方格子構造をとることも知られている。

5.5 アルカリ土類金属（第2族元素）　　99

表5.10　第2族元素の性質2

名　称	元素記号	炎色反応	原子半径 pm	イオン化エネルギー kJ mol^{-1}	第二イオン化エネルギー kJ mol^{-1}	昇華熱 kJ mol^{-1}
ベリリウム	Be	なし	112	900	1757	324
マグネシウム	Mg	なし	160	738	1451	128
カルシウム	Ca	オレンジ	197	590	1145	192
ストロンチウム	Sr	赤	215	550	1064	164
バリウム	Ba	緑	222	503	965	176
ラジウム	Ra			509	979	113

5.5.2　対角関係：アルカリ金属元素，第2族元素，第13族元素の類似性

　第2および第3周期において，第3～12族元素は存在しない。そこで，周期表を詰めて表すと**図5.7**のようになる。ここで対角線の関係にある元素どうし，例えば，リチウムとマグネシウム，ベリリウムとアルミニウムの性質は似ているといわれる。また，第2族元素は関わっていないが，ホウ素とケイ素にも類似点がある。これらは，そっくりではないが，比較的よく似ている。

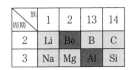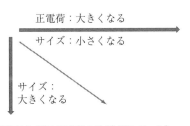

図5.7　元素の対角関係（背景色が同じ元素の性質が似ている）

　同周期で隣どうしや同族で上下の位置というわけではなく，対角線の位置関係ということが興味深い。まず，元素の性質は，最外殻電子の状態に大きく依存することを思い出してほしい。典型元素では，同周期で隣の元素は，原子核の陽子の数が変わり，最外殻電子への引力が変わるので性質も違ってくる。また，周期番号が1つ増えると最外殻が1つ外側になることで，原子核から最外殻電子までの距離が大きくなり，原子核から最外殻電子に働く引力は小さくな

100 5. 典 型 元 素

る。図のような対角線の関係では，有効核電荷（Z_{eff}）の増加と最外殻電子までの距離（d）の両方が増大することになる。原子核から最外殻電子に働く静電引力による位置エネルギーを式で表すと，次のような比例関係になる。

$$静電引力による位置エネルギー \propto \frac{Z_{eff}}{d} \tag{5.8}$$

その結果，周期表で対角線の位置関係にある原子どうしでは，原子核から最外殻電子に働く引力による位置エネルギーの準位は近くなる。そのために，元素の性質が似ると説明されている。

5.5.3 第2族元素の化合物

第2族元素の化合物の例とおもな性質を**表5.11**にまとめる。第2族元素は，2価の陽イオンになりやすいので，1価の陰イオンと1:2の組成で化合物を形成し，また2価の陰イオンとは1:1の化合物を形成する。アルカリ金属よりも化学反応性は低く，アルカリ金属に比べるとあまり目立たない元素といえる。それでも自然界における役割や用途としては重要なものも多い。

ベリリウムは，Be^{2+}のイオンになると毒性を示す。また，ベリリウムの原

表5.11 第2族元素の化合物の例とおもな性質

元　素	化合物の例	一般的な性質，用途など
ベリリウム	$BeCl_2$，　　BeO，$BeSO_4$	Be^{2+}は猛毒，原子炉の中性子減速材，反射材
マグネシウム	$MgCl_2$，　　MgO，$Mg(OH)_2$, $MgCO_3$, $MgSO_4$	クロロフィルの中心原子 有機合成におけるグリニャール試薬
カルシウム	$CaCl_2$，　　CaO，$Ca(OH)_2$, $CaCO_3$, $CaSO_4$	骨の成分，石の成分， 建築資材（セメント）
ストロンチウム	$SrCl_2$，　　SrO，$Sr(OH)_2$, $SrCO_3$	^{90}Srは放射性（β崩壊） 骨に蓄積
バリウム	$BaCl_2$，　　BaO，$Ba(OH)_2$, $BaSO_4$	Ba^{2+}は毒性，$BaSO_4$は不溶なのでX線検診等に利用
ラジウム	$RaCl_2$	安定同位体なし，主として^{226}Ra 放射性（α崩壊），発がん性

子核に中性子が衝突すると運動エネルギーを奪われ，効果的に減速させる。そこで，ベリリウムは原子炉の中性子減速材や反射材として用いられる（9章）。

マグネシウムは，生命における必須元素である。植物においてもクロロフィルの中心原子であり，光合成の分子システムにおいて重要な構成成分であるといえる。有機化学では，アルキル基を導入するために用いられるグリニャール試薬が，マグネシウムと臭素を含んでいる。

カルシウムも必須元素であり，骨の成分であるほか，生体においてさまざまな重要な働きをしていることが知られている。詳細は，10章で述べる。

ストロンチウムは，高温超電導体の材料に用いられることがあるが，他の第2族元素と比べると用途は少ない。同位体の1つ ^{90}Sr は，原子炉の核分裂生成物に含まれ，β崩壊でβ線（電子線）を放射する放射性同位体である。半減期は，約29年と比較的長く，人体では，骨に集積しやすい性質をもつ。

バリウムは，Ba^{2+} のイオンになると毒性をもつが，硫酸塩は不要であるため人体無害である。そこで，硫酸バリウムはX線の造影剤として用いられる。造影剤とは，透過性が強い放射線などを吸収して影を作る薬剤を指し，人体を透過するX線が硫酸バリウムにより吸収されるために影絵のように人体を透視できる。

ラジウムには，安定同位体の存在が知られていない。自然界には，質量数226の同位体が最も多く存在している。^{226}Ra は，放射性であり，α（アルファ）**崩壊**（alpha decay）を起こす。人体に取り込まれると内部被ばくを起こし，発がんの原因となる。

5.6 ホウ素とアルミニウム

第13族元素である**ホウ素**（boron）と**アルミニウム**（aluminum）の性質について考えてみよう。ホウ素の単体は，共有結合で形成される硬い固体であり，半導体である。アルミニウムとそれ以上の原子番号をもつ第13族元素は

102   5. 典 型 元 素

金属である[†]。アルカリ金属でも原子番号の増加に伴ってやわらかくなること
を思いだしてほしい。同様に，ホウ素は硬い（さらに固体のホウ素は自由電子
をもたない）が，アルミニウムは金属であり，金属は，一般に共有結合性の物
質よりもやわらかい。ホウ素とアルミニウムの性質について，以下に述べる。

5.6.1　ホウ素の同位体

まず，ホウ素の原子核と同位体について述べる。自然界には，質量数11
（^{11}B，存在比80％）と質量数10（^{10}B，存在比20％）の2種類の同位体が確認
されている。いずれも安定同位体である。^{10}B は，^{11}B よりも中性子が1個少
ないが，そのため ^{10}B の原子核は中性子を吸収しやすい。この中性子を吸収す
る過程は，次の反応式で表される。

$$^{10}B + n \rightarrow {}^{4}He + {}^{7}Li \tag{5.9}$$

中性子を吸収することで2つの軽い原子である ^{4}He と ^{7}Li を生成する。一種
の核分裂反応であるが，中性子の発生が伴わないため，連鎖反応や爆発は起ら
ない。比較的静かに中性子を吸収すると考えることができる。この性質から，
原子炉で制御材として利用され，増えすぎた中性子を吸収して減らし，出力の
調整が行われる（9章）。中性子を吸収するのは，ホウ素の原子核であるため，
化学的な形は問われない。単体である必要はなく，化合物やイオンでも構わな
い。また，^{10}B は，がんの中性子捕捉療法に用いられる（9章）。この治療法
は，^{10}B を含む薬剤を腫瘍へ取り込ませて中性子線を照射する手順で行われる
放射線治療の1つである。このとき，式（5.9）のようにヘリウムの原子核で
ある**α（アルファ）線**（alpha ray）と重粒子線に分類されるリチウム原子核が
発生して生体分子に衝突することにより，ピンポイントで腫瘍に放射線のダ
メージを与えることができる。

[†]　原子番号113番のニホニウム（Nh）は，原子核が非常に不安定な人工元素のため，化
　　学的性質を実験で確かめることは現在のところできない。

5.6.2 ホウ素の化学的性質

ホウ素の電子配置は，$1s^2\,2s^2\,2p^1$ である。この中で最外殻電子は，$2s^2\,2p^1$ であり，価電子は3個である。最外殻が電子で満たされた状態（中途半端に電子をもたない状態）になるためには，電子を3個失うか，5個もらうかである。いずれもかなりハードルが高い。ホウ素は比較的小さい原子であり，電子を引き付ける力が強く，共有結合性である。ホウ素の単体は黒色の固体である。固体であるということは，多数のホウ素原子が結びついていることである。そして，その結合は金属結合ではない。ホウ素は，3個しかない価電子をうまく使い，3中心2電子結合を形成し，固体を形成している。

3中心2電子結合とは，3個の原子が2個の電子を共有して結びつくことを意味している。一般的な結合は，2個の原子が2個の電子で結びつく2中心2電子結合であるが，それに比べて原子1つあたりの電子が少ないので，電子不足結合と呼ばれる。ホウ素の固体は，硬いが脆い。共有結合であるため硬さはあるが，3中心2電子結合と2中心2電子結合を両方使っているため，結合の強さのバランスが悪く，力が加わると崩れやすい。5.7節で述べる炭素は，結合のバランスがよく強固であることと比較できる。また，ホウ素の固体は半導体であり，金属と非金属の中間的な性質を示すため，半金属としても分類される。ホウ素の共有結合の電子がバンドを形成するが，そのバンドギャップは比較的狭い。比較的小さいエネルギーで電子を励起できるため，可視光領域の光をすべて吸収できるために黒い固体であることが説明される。

ホウ素は，価電子をすべて失うことも，電子をあと5個受け取ることも難しいため，イオンにはなりにくい。そこで，化合物も共有結合で形成される。もちろん，価電子をうまく利用して共有結合を形成するのであるが，ホウ素の価電子を用いる結合のパターンを**図5.8**に示す。

sp^2 混成軌道を使うときは，3つの等価な結合ができるため，平面状の構造となる。例えば，フッ化ホウ素（BF_3）がこの構造であることが知られている。フッ化ホウ素では，2中心2電子結合だけを用いた結合であり，オクテット則の例外といえる。この他，ホウ素の化合物としては，水素化物がよく知られて

104   5. 典 型 元 素

sp² 混成軌道　　　　sp³ 混成軌道　　　　3 中心 2 電子結合
（平面型）　　　　　（立体）　　　　　　（イメージ）

図 5.8　ホウ素の価電子を用いる結合のパターン

おり，それらの総称は，**ボラン**（borane）という。ボランも 2 中心 2 電子結合だけでなく，3 中心 2 電子結合を用いて構成されている。ボランにおける水素を含む 3 中心 2 電子結合を**図 5.9** に記す。

図 5.9　ボランにおけるホウ素と水素の 3 中心 2 電子結合

　ホウ素は，sp³ 混成軌道を形成し，4 つの軌道をもつ（結合手を 4 本もつ）ことになる。水素は 1s 軌道のみである。1 つの水素の 1s 軌道に 2 つのホウ素の sp³ 混成軌道（合計 3 つの軌道どうし）が重なる様子を図 5.9 では示している。その結合のパターンは，囲みの中で左側の図から 3 つすべて同じ位相で重なる場合（明らかな結合性分子軌道の場合）とホウ素の軌道どうしは同位相で，水素の軌道が逆位相（反結合性分子軌道），そして水素の軌道と片方のホウ素が同位相，もう片方のホウ素が逆位相（半分が結合性で半分が反結合性）という軌道である。これらの 3 中心 2 電子結合における分子軌道のエネルギー準位図で表すと**図 5.10** のようになる。

　図 5.9 の結合の重なりで形成される結合性分子軌道は，元のバラバラな原子よりもエネルギーは低下する。もちろん反結合性分子軌道では電子のエネルギー準位が上昇する。そして，半分が結合性分子軌道，もう半分が反結合性分子軌道という軌道は，結合性でも反結合性でもない非結合性分子軌道とみなさ

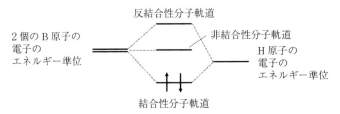

図 5.10 ボランの 3 中心 2 電子結合におけるエネルギー準位図

れる。このとき，3つの原子で合計 2 個の電子が使われるので，結合性分子軌道に 2 個の電子が入る。その結果，最終的にホウ素原子 2 つと水素原子 1 つがバラバラで存在するよりも結合を形成したほうがエネルギー的に安定となる。

5.6.3 ボランの構造

ホウ素の水素化物は，ボランの総称で呼ばれる。結合には 3 中心 2 電子結合が含まれる。最も単純な**ジボラン**（B_2H_6）（diborane）の構造を**図 5.11** に記

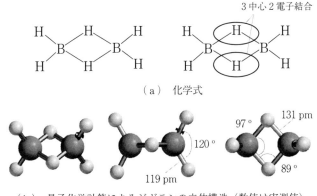

（a）化学式

（b）量子化学計算によるジボランの立体構造（数値は実測値）

（c）エタン（C_2H_6）の化学式と構造（比較）

図 5.11 ジボランの構造

す。3中心2電子結合の部位を囲みで示している。立体構造は，量子化学計算で求めたものであるが，結合距離と角度は実測値を載せている。また，類似した化学式で表されるエタン（C_2H_6）との比較を記している。

ボランには，さらに大きなものも存在する。その構造にはいくつかのパターンが知られており，**ウェイド則**（Wade's rule）と呼ばれる分類では，おもに4つのパターンで整理されている。ボランの一般化した組成式を$B_aH_b{}^{c-}$とすると係数 a, b, c と構造のパターンには，**表5.12**の関係がある。また，ボランの一般式 $B_aH_b{}^{c-}$ では，イオンを表しており，変数が3つあり複雑である。表5.12には，ホウ素の数を n とした一般式も記している。

表5.12　ウェイド則におけるボランの構造と組成の関係

名　称	$a+b+c$	一般式	例
closo（クロソ）型	$2a+2$	$B_nH_n{}^{2-}$	$B_6H_6{}^{2-}$
nido（ニド）型	$2a+4$	B_nH_{n+4}	B_2H_6, B_5H_9
arachno（アラクノ）型	$2a+6$	B_nH_{n+6}	B_4H_{10}, B_5H_{11}
hypho（ヒポ）型	$2a+8$	B_nH_{n+8}	

5.6.4　ホウ素のその他の化合物

酸素を含む酸は**オキソ酸**（oxoacid）と呼ばれ，この章の後半にまとめるが，ホウ素にもオキソ酸が存在する。ホウ酸（$B(OH)_3$）は，非常に弱い酸であり，次の式のように，水に溶けるとわずかに $B(OH)_4{}^-$ と H^+ を生成する。

$$B(OH)_3 + H_2O \rightarrow B(OH)_4{}^- + H^+ \tag{5.9}$$

また，$B(OH)_4{}^-$ は，脱水縮合して $B_4O_7{}^{2-}$ などのポリホウ酸アニオンを形成する。そのナトリウム塩の水和物（$Na_2B_4O_7 \cdot 10H_2O$）は，ホウ砂として知られている。

ホウ素は，窒化物も形成する。周期表では，ホウ素と窒素の間に炭素が入る。ホウ素と窒素が交互に結合すると炭素に近い性質を示すことがある。その例として，**ボラジン**（$B_3N_3H_6$）（borazine）が知られている。**ベンゼン**（C_6H_6）（benzene）の炭素を交互にホウ素と窒素に置き換えた構造である（**図5.12**）。

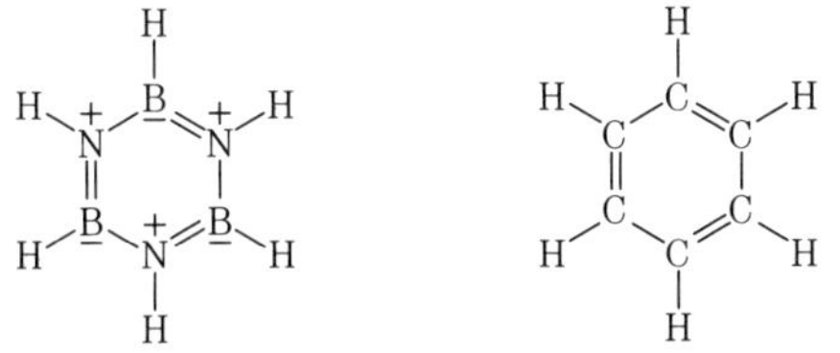

図 5.12 ボラジンとベンゼンの構造

ホウ素の価電子は 3 個，窒素の価電子は 5 個であり，窒素からホウ素に電子を 1 個移すと炭素と同じ 4 個になり，ホウ素が 1-，窒素が 1+ の形式電荷をもつ化学式で表される。

　また，ホウ素と窒素が交互に結合して，5.7 節で説明するダイヤモンドの炭素原子のように結合した共有結合性の固体化合物として**ボラゾン**（$(BN)_x$，組成式は BN）（borazon）が知られている。性質も炭素の同素体であるダイヤモンドに近い。

5.6.5　アルミニウム

　自然界に存在するアルミニウムのほとんどは，安定同位体の ^{27}Al である。アルミニウム原子の電子配置は，$1s^2\,2s^2\,2p^6\,3s^2\,3p^1$ である。最外殻電子の配置は $3s^2\,3p^1$ であり，価電子は 3 個である。アルミニウムにおける最外殻電子の配置は主量子数の違いはあるが，ホウ素と同じであり，価電子数もホウ素と等しい。ホウ素よりもアルミニウムのほうがイオン化エネルギーは小さく，価電子を放出するために必要なエネルギーが小さい。

　アルミニウムの単体は，価電子をすべて結晶全体で共有することで金属結合を形成する。アルミニウムの結晶は，立方最密充填構造（面心立方格子）が安定である。そして金属特有の光沢をもつ銀白色の固体であり，軽い。比較的やわらかいため加工性にすぐれ，ある程度の強度も備えるため，機械的特性にすぐれる。アルカリ金属や第 2 族元素と比べると密度は高く，$2.7\,\mathrm{g\,cm^{-3}}$ である。融点は，アルカリ金属ほどではないが，金属の中では低いほう（660 ℃）

108 5. 典 型 元 素

である。また，表面が酸化されると安定な**不動態**（passivation）の膜となるため，化学的耐久性に優れる。

5.6.6 アルミニウム単体の製法

単体のアルミニウムは，自然界には存在しない。地球上では，おもに酸化物などの形で存在している。アルミニウムは，工業的にも重要な材料であるので，単体の製造価値は高い。アルミニウムを含む化合物であるボーキサイト（$Al(OH)_3$ や $AlO(OH)$ を含む）は，地殻中に多く存在している。単体の製法は，おもに電気分解である。まず，**ボーキサイト**（bauxite）の不純物を取り除き，**酸化アルミニウム**（Al_2O_3）（aluminum oxide）に変え，融解した**氷晶石**（Na_3AlF_6）（cryolite）に溶かして，次の化学反応式で表される溶融塩の電気分解を経て得られる。

$$Al^{3+} + 3e^- \rightarrow Al \tag{5.10}$$

この方法は，**ホール・エール法**（Hall–Héroult process）と呼ばれる。溶融塩の電気分解であることと，アルミニウム 1 mol につき電子が 3 mol 必要であることから，製造には大きなエネルギーが必要である。

5.6.7 アルミニウムの化合物

アルミニウムは，酸化物，水酸化物，ハロゲン化物，水素化物，窒素化物などのさまざまな化合物を形成する。これらの化合物において，アルミニウム自身は，Al^{3+} で表される陽イオンの状態と考えることができるので，陰イオンである酸化物イオン（O^{2-}），水酸化物イオン（OH^-），ハロゲン化物イオン（Cl^- など），水素化物イオン（H^-），窒素化物イオン（N^{3-}）と塩を形成しているとみなせる。水酸化アルミニウム（$Al(OH)_3$）は，酸および塩基の両方と化学反応を起こす**両性水酸化物**（amphoteric hydroxide）である。化学反応式で表すと次のようになる。まず，酸（水素イオン）との反応では

$$Al(OH)_3 + 3H^+ \rightarrow Al^{3+} + 3H_2O \tag{5.11}$$

のようにアルミニウムイオンと水を生成し，塩基（OH^-）との反応では

5.7 炭素とケイ素　　109

$$Al(OH)_3 \; + \; OH^- \; \rightarrow \; [Al(OH)_4]^- \tag{5.12}$$

のように OH^- を受け入れて**アルミン酸イオン** $[Al(OH)_4]^-$（aluminate ion）を生じる。

5.7 炭素とケイ素

　第 14 族元素の**炭素**（carbon）と**ケイ素**（silicon）について考えてみよう。いずれも地表付近に豊富に存在し，人類にとって重要な元素である。炭素は生命にとって重要なさまざまな物質の構成元素であり，そのバラエティーに富んだ特徴から，それらの化合物を専門に扱う有機化学が独立した学問分野となっている。また，ケイ素は，地表付近で酸素についで多く存在する元素である。この節では，特に，炭素とケイ素それぞれの類似点と相違点について理解を深めてほしい。

5.7.1 炭素の同位体

　まず，炭素の原子核について考える。自然界には炭素の同位体がいくつか知られている。

　最も多量に存在しているのが ^{12}C であり，炭素全体の約 99％ を占める安定同位体である。12 g の ^{12}C に含まれる原子数が，以前はアボガドロ定数の定義に利用されていた。中性子が 1 個多い ^{13}C は，自然界に約 1％ 存在する安定同位体である。有機化学において重要な分析手法である NMR（核磁気共鳴）において，分析される炭素は ^{13}C である。

　さらに中性子が 1 個増えた ^{14}C も自然界にわずかに存在する。中性子が多すぎるため，不安定な放射性同位体であり，β 崩壊で ^{14}N に変わる。^{14}C の半減期は 5730 年である。大気中の ^{14}C の割合は常に一定と考えられているので，光合成により大気中の二酸化炭素を取り込んで成長している植物（樹木）を構成している ^{14}C の割合も一定である。その後伐採され，材木になると ^{14}C の割合は減る一方である。材木も新しいものは，大気中と同じ割合の ^{14}C を含むが，

110   5. 典 型 元 素

その後は減る一方であり，5730 年後には半分になる。この現象を利用して遺跡や古代の建造物，化石などに含まれる ^{14}C の比率を測定すれば，年代が推定できる。この分析方法を「炭素 14 年代測定法」という。

一方，^{12}C よりも中性子数が少ない人工同位体の ^{11}C も知られているが，こちらは中性子が少ない（陽子が多すぎるとみなすこともできる）ため，陽子が中性子に変わる核反応（9 章参照）を経て 20 分程度でホウ素（^{11}B）になる。

5.7.2　炭素の単体と同素体

炭素原子の電子配置は，$1s^2\,2s^2\,2p^2$ である。最外殻電子は $2s^2\,2p^2$，すなわち価電子は 4 個である。この 4 個という価電子数は，共有結合を形成するうえで絶妙にバランスのよい数である。価電子 4 個すべて失うためにはかなりのエネルギーが必要であるし，最外殻を電子で満たすために電子を 4 個受けることも難しい。そこで，4 個ずつ電子を共有する方法が妥当である。さらに炭素は第 14 族元素の中で最も小さい。小さい原子ほど共有結合を作りやすいことからも，炭素はすべての元素の中で最も共有結合に適しているといわれる。炭素がさまざまな共有結合性の化合物を形成することからも炭素の化合物を専門に扱う「有機化学」が作られた。本来，有機化学や無機化学という分類は，便宜上決められただけではあるが，とりあえず本書では，無機化学を扱っているので，炭素の化学については，有機物質の話題には含まれない炭素関連の物質に限定する。

炭素の電子軌道は，sp^3 混成軌道，sp^2 混成軌道，sp 混成軌道をつくり，単体や化合物を形成する。単体には同素体が知られている。sp^3 混成軌道だけで形成される炭素の単体は**ダイヤモンド**である。ダイヤモンドの特徴は，無色透明，硬い，絶縁性（絶縁体）である。炭素原子を中心として，比較的短くバランスがよい 4 本の共有結合で構成されていることから強く，硬い結晶となる（**図 5.13**）。

sp^3 混成軌道による σ 結合の電子も結晶全体でバンドを構成することができる。そのバンドギャップ（禁制帯の幅）は比較的広く，そのエネルギーを光子

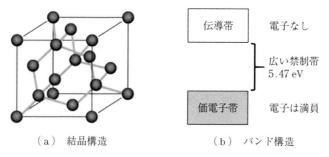

(a) 結晶構造　　　(b) バンド構造

図5.13　ダイヤモンド

に換算すると波長227 nmの紫外線に相当する。したがって，可視光はすべて透過し，無色透明である。一方でダイヤモンドの結晶は，きれいに輝いて見えるが，高い屈折率（2.42）のために光が表面で反射されるとき，波長によってその角度が異なるためである。そこで，ダイヤモンド自身は無色透明であるが，光の反射によって特有の輝きをもつことになる。また，広いバンドギャップは，電気エネルギーによって価電子帯の電子を動かすことが困難であることを意味しており，絶縁性を示す。ダイヤモンドの電気伝導性はきわめて低いが，炭素原子どうしの結合が振動することにより，熱を通すことができ，高い熱伝導率を示す。このように電気は通さないが，熱をよく通すという特殊な性質をもつ。バンドギャップが広いため，純粋なダイヤモンドは絶縁体であるが，ドーピングすることにより，n型およびp型の半導体にすることもできる。

炭素の熱力学的に最も安定な同素体は，sp^2混成軌道の炭素で構成される**グラファイト**である（**図5.14**）。sp^2混成軌道の炭素原子が隣接する3個の炭素原子と二重結合を含む共有結合で正六角形を基本骨格とする平面構造のシートを形成したものを**グラフェン**（graphene）と呼ぶ。これは，ベンゼンのような芳香族化合物が平面状に無限に広がったものと考えることができる。シート全体で電子を共有しているとみなすことができ，電子のバンド構造を考えるとエネルギーギャップは狭くなり，可視光域のすべての波長を吸収することができるため，グラフェンは黒色にみえる。このグラフェンシート間をファンデルワールス結合で立体的に積み重ねた構造の物質がグラファイトである。グラ

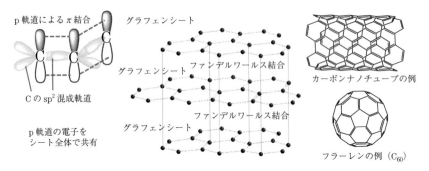

図5.14 炭素のsp²混成軌道の模式図（左）とグラフェン，グラファイトの構造（中），カーボンナノチューブとフラーレンの例（右）

フェンシートを円柱状に巻いた構造の物質が**カーボンナノチューブ**（carbon nanotube）と呼ばれ，円錐状になった物質が**カーボンナノホーン**（carbon nanohorn）である。これらは，いずれも黒色で高い電気伝導性と熱伝導性を示す。

また，炭素原子が60個や70個などの数で球状に結合した物質が**フラーレン**（fullerene）である。グラフェン，グラファイト，カーボンナノチューブ，カーボンナノホーンは，構成している炭素原子の数に制限はないが，フラーレンは球状の分子であるため，構成している炭素原子数が決まっている。60個や70個というと大きな数のように思えるが，他の同素体を構成している原子数は無限と考えることができるため，フラーレンは，比較的小さな物質といえる。フラーレンは，決まった波長の可視光を吸収するため，赤色などの特有の色を示す。また，比較的小さいことから，ベンゼンに溶解することができる。

5.7.3 炭素の化合物

炭素は，さまざまな化合物を形成し，大部分は有機化学の範疇になるが，無機化合物に分類される物質について述べる。炭素の特徴は，多重結合が得意なことであり，sp²混成軌道で二重結合，そしてsp混成軌道で三重結合を形成することができる。多重結合を使った化合物として，無機化学の範囲では，**二酸化炭素**（CO_2），**一酸化炭素**（carbon monoxide）（CO），**炭酸イオン**

(carbonate ion)（CO_3^{2-}）がよく知られている。また，イオン性化合物である**炭化物**（carbide）（**アセチリド**（acetylide））も形成する。これは金属などの陽イオンと**炭化物イオン**（carbide ion）（C_2^{2-}）で構成される。炭化物イオンは，炭素原子どうしが三重結合していると説明され，形式電荷を用いて**図5.15**のように表される。炭化物イオンによるさまざまな金属塩が知られており，例えば，**炭化カルシウム**（calcium carbide）（**カルシウムアセチリド**（calcium acetylide））（図5.15）が有名である。

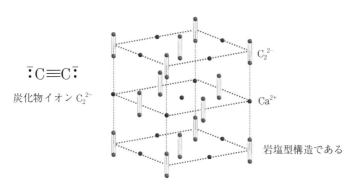

図5.15 炭化物イオンの構造と炭化カルシウムの結晶構造

5.7.4 ケイ素の単体と製法

ケイ素は，地表付近において，酸素についで多く存在している元素である。ケイ素の単体は，半導体として重要であり，現在，日用品から工業製品に至るまで，なくてはならない物質である。

ケイ素原子の電子配置は，$1s^2 2s^2 2p^6 3s^2 3p^2$ である。最外殻電子は，$3s^2 3p^2$ であり，価電子数が4個であることは，炭素と類似している。炭素のようにsp^3混成軌道で結合を形成する。しかし，sp^2混成軌道やsp混成軌道の形成による多重結合を作りにくい。多重結合を形成するために，ケイ素は，炭素よりも大きいため，より外側の3p軌道を使い，その重なりでπ結合を形成しなければならない。その結果，2p軌道によるπ結合のような強力な重なりを作ることが難しい。そのため，ケイ素では，二重結合を含む化合物の例はあるが，

一般的ではない。ケイ素の単体は、sp^3 混成軌道によるダイヤモンド型構造である。ケイ素では、主量子数 $n = 3$ の電子を使うことが炭素との違いであり、バンド構造において、禁制帯は炭素の場合よりも狭い。そのエネルギーは、赤外線に相当する 1 eV 程度であるため、すべての可視光を吸収し、ケイ素の結晶は黒色である。また、比較的小さい熱エネルギーで価電子帯の電子が伝導体に遷移して伝導性を示すため、真性半導体である。

自然界でケイ素は、おもに酸化物として存在している。単体のケイ素を得るためには、まず還元反応を利用することになる。天然に存在するケイ石（主成分 SiO_2）を 1600 〜 1800 ℃ で**コークス**（coke）と反応させ、次の化学反応式により還元する。

$$SiO_2 + C \rightarrow Si + CO_2 \tag{5.14}$$

この過程で純度 97 〜 99% のケイ素を得ることができる。しかし、ケイ素を集積回路に用いる半導体材料とする場合、きわめて高い純度（99.999999999% 以上）が要求される。ケイ素の純度を上げるために不純物を含むケイ素を HCl と反応させて、$SiHCl_3$（沸点 31.8 ℃）とする。これを精留（蒸留）し、水素で還元することで、純度を高めたケイ素を得ることができる。しかし、ここまでの純度でも、まだ不十分である。

さらに純度を高めるために**帯域溶融法（ゾーンメルティング）**（zone melting）という方法を利用する（**図 5.16**）。この精製法の原理を考えるため、凝固点降下を思い出してほしい。まず、棒状や板状のケイ素を加熱して部分的に融解する。それをゆっくりと動かすことで、熱源（ヒーター）から離れてゆっくり冷やされる。そのとき、純粋なケイ素が先に結晶化し、不純物は融けた部分に残る。これを繰り返すことで、高純度ケイ素を得ることができる。末

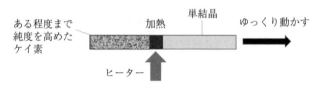

図 5.16 帯域溶融法の手順と原理の概要

端に不純物の多い部分が残るが，これを再び集めて帯域溶融法で精製して利用することができる。この方法は，ケイ素以外でもホウ素単体の精製や金属の精製にも用いられる。

5.7.5　ケイ素の化合物

ケイ素は，自然界で単体としては存在しない。ケイ素の化合物として，酸化物である**二酸化ケイ素**（SiO_2）がよく知られており，自然界のケイ素は，おもにこの状態で存在している（純粋な SiO_2 というわけではなく不純物も含まれる）。ケイ素原子と酸素原子がいずれも sp^3 混成軌道を使い，1：2の組成で単結合のみでつながった共有結合結晶である。純粋な SiO_2 の結晶は石英と呼ばれ，無色透明で比較的硬い（モース硬度7）。格子欠陥や不純物により，さまざまな色を着けることができる。同様の組成式で表される二酸化炭素（CO_2）は，炭素原子が sp 混成軌道を使い，2つの二重結合で酸素と結合している。CO_2 は，炭素原子1個と酸素原子2個で完成する分子であるが，SiO_2 は，ケイ素原子と酸素原子が無限につながった状態とみなすことができる。その違いは，ケイ素が多重結合を形成しにくいことによる。

ケイ素のその他の化合物をいくつか記す。常温常圧で気体となる分子性化合物の例として，水素化物の**シラン**（silane）（SiH_4），フッ化物の**四フッ化ケイ素**（silicone tetrafluoride）（SiF_4）があげられる。液体の分子性化合物として，四塩化ケイ素（$SiCl_4$）が知られている。固体化合物では，炭化物である炭化ケイ素（SiC）や窒化物である窒化ケイ素（Si_3N_4）が存在する。これらの固体化合物の化学式は組成式であり，いずれも原子が無限に結びついた状態といえる。**炭化ケイ素**（silicon carbide）は，ケイ素の結晶とダイヤモンドの中間的な性質をもち，ダイヤモンドには及ばないが，ケイ素よりは硬い。炭化ケイ素は黒色または緑色の粉末であり，半導体の性質を示す。窒化ケイ素は灰色の粉末であり，セラミックスにすると硬く高い強度をもつ絶縁性の高い材料となる。

116   5. 典 型 元 素

5.8 窒素とリン

窒素（nitrogen）と**リン**（phosphorus）は，第15族元素のうち，地球上にも多く存在し，生命にとって重要な元素である。第15族元素をまとめて**ニクトゲン**（pnictogen）と呼ぶことがある。第13族，14族における第2周期と第3周期の元素における関係のように第2周期の窒素と第3周期のリンにも類似点と大きな相違点がある。窒素は，大気中の78.1％を占める地球上において比較的豊富な元素である。単体の窒素はきわめて安定であり，化学反応性に乏しい。窒素置換による酸化防止や腐敗防止にも使われる。単体の窒素自身に毒性はないが，酸欠の原因になるため注意が必要である。また，窒素は生命にとって必須元素であり，核酸やタンパク質など生体分子の構成元素である。リンも単体が自然界に存在しているが，窒素と異なり固体である。また，リンには同素体が存在する。窒素とリンの化合物には，ローンペアを使い配位結合で錯体を形成するなどの類似点がある。

5.8.1 窒素の単体と化合物

窒素原子の電子配置は $1s^2\,2s^2\,2p^3$ であり，最外殻電子は $2s^2\,2p^3$ である。窒素の分子軌道については，4章を参照してほしい。価電子は5個であり，電子を3個共有すれば安定な電子配置となる。また，窒素原子は小さいため，共有結合を作りやすい。sp^3 混成軌道のほか，sp^2 混成軌道，sp 混成軌道を使い，単体や化合物を形成すると考えることができる。

単体の窒素は，二原子分子（N_2）で気体である。2個の窒素原子が電子を3個ずつ共有することで結合すると考えることができるが，sp 混成軌道を使った図 5.17 のような結合で説明できる。強固な三重結合でつながった分子であることから，非常に安定で化学反応性に乏しいことが説明される。原子2個で完結する分子であり，対称性をもつため電荷の偏りがない。したがって，窒素分子は軽く，静電引力が働きにくいため，窒素分子は，低沸点（77 K）の気体

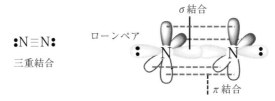

図 5.17 窒素分子（N_2）のイメージ

となる．融点は 63 K であり，液体窒素は冷媒としても用いられる．

窒素は，生命に必須であり，さまざまな生体分子の構成元素である．農業においても肥料などとして窒素化合物が必要である．窒素自身は，窒素分子が地球の大気の主成分でもあり，自然界に豊富に存在する．しかし，その高い安定性のため，化合物になりにくい．自然界では，一部の微生物による窒素固定や雷の放電などによって化合物が生成するが，食糧生産のためには十分ではない．そこで，人工的に窒素を化合物にする方法が発明された．鉄を触媒として，窒素分子と水素分子から**アンモニア**（ammonia）を作る**ハーバー・ボッシュ法**（Haber-Bosch process）が有名であり，次の化学反応式で表される．

$$N_2 + 3H_2 \rightarrow 2NH_3 \tag{5.15}$$

アンモニアは，窒素分子よりも化学反応性が高く，さまざまな窒素化合物の原料になる．例えば，アンモニアを**白金触媒**（platinum catalyst）を用いて酸化すると，窒素の重要な化合物の 1 つである硝酸（オキソ酸の一種）ができる．この化学反応の過程は，**オストワルド法**（Ostwald process）と呼ばれ，次のように表すことができる．

$$NH_3 \rightarrow NO \rightarrow NO_2 \rightarrow HNO_3 \tag{5.16}$$

この過程では，はじめにアンモニアが白金触媒を用いて酸素で酸化され，一酸化窒素（NO）が作られる．一酸化窒素は，空気中の酸素で酸化されて二酸化窒素（NO_2）となり，これを水と反応させることで**硝酸**（nitric acid）（HNO_3）が生成する．硝酸は強酸であり，常温常圧では液体である．強い酸化力をもつことも特徴である．濃硝酸と濃塩酸の 1：3 の混合物が**王水**（aqua regia）であり，金や白金も溶かす．硝酸の分子構造を**図 5.18** に示す．硝酸の

118   5. 典 型 元 素

図5.18 硝酸の分子構造

窒素原子は sp^2 混成軌道を形成しており，硝酸は図のような2つの極限構造式を用いた共鳴構造として表される。

　窒素原子の価電子数は5個であり，電子を3個受け取ると-3，価電子をすべて失うと+5の酸化数となる。実際に窒素は，酸化数が-3から+5までのバラエティーに富んだ化合物を形成する。窒素の化合物（と単体）の例とそのときの窒素の酸化数を**表5.13**にまとめる。

表5.13 窒素化合物などの例と酸化数

窒素の酸化数	化学式	名　称
-3	NH_3	アンモニア
-2	NH_2NH_2	ヒドラジン
-1	NH_2OH	ヒドロキシルアミン
0	N_2	窒素分子（単体）
1	N_2O	一酸化二窒素（笑気）
2	NO	一酸化窒素
3	N_2O_3	三酸化二窒素
4	NO_2	二酸化窒素
5	N_2O_5	五酸化二窒素

　リンとの比較でも述べるが，窒素の化合物は，配位子としても重要である。窒素の価電子が5個であることから，窒素原子が混成軌道を用いて共有結合で化合物を形成したとき，2個の電子がローンペアとなり，配位子として働くことができるためである。

5.8.2　リンの単体と化合物

　リン原子の電子配置は，$1s^2\,2s^2\,2p^6\,3s^2\,3p^3$ である。最外殻電子は，$3s^2\,3p^3$ であり，価電子が5個であることは，窒素と同様である。リン原子は，窒素原子

よりも大きいため，多重結合をつくりにくい。炭素とケイ素の相違点の原因のように，リンが多重結合をつくる場合，3p軌道を使う必要があり，2p軌道を使う窒素よりも安定なπ結合を形成しにくいためである。

　単体のリンは，窒素分子のように三重結合を形成できず，単結合だけで結合する。結合の仕方の違いにより，同素体が存在する。よく知られている同素体は，**白リン**（white phosphorus）（過去には**黄リン**（yellow phosphorus）と呼ばれていた）である（図5.19）。4個のリン原子が単結合だけで正四面体構造を形成した分子である。常温常圧では白色の固体である。空気中で酸素と反応して自然発火する化学反応性に富む物質であるが，自然界にも存在する。水中では酸素と触れる確率が低いため安定である。また，白リンは猛毒である。

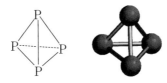

図 5.19　白リンの分子構造

　白リンの結合が切れて鎖状につながったと考えられる同素体が**赤リン**（red phosphorus）である。赤リンは無定形固体であり，詳しい分子構造は不明である。その名称のとおり，常温常圧で赤色の固体（粉末）である。白リンのような発火性はなく，毒性もない。また，白リンの高圧処理で生成する**黒リン**（black phosphorus）も知られている。黒リンは，黒色で金属光沢をもつ固体であり，最も安定なリンの同素体である。また，黒リンは半導体である。

　リンは，窒素同様にさまざまな化合物を形成する。リンの化合物として，第16族や第17族元素との化合物がよく知られている。特に酸化物やリン酸（リンのオキソ酸）がよく知られている。リン酸は，さまざまな組成が知られている。硫化物として，**硫化リン**（phosphorus sulfide）も存在する。ハロゲン化物では，オクテット則の例外になるが，塩化物（PCl_5）を形成する。PCl_5における塩素の酸化数を-1とするとリンの酸化数は+5となる。リンも窒素と同様

にさまざまな酸化数（-3 ～ +5 まで）をもつ化合物を形成する．次節で述べるようにリンの化合物の多くは，配位子として重要である．

5.8.3 窒素またはリンを含む錯体

窒素もリンも価電子数が5個であり，共有結合による化合物では，2個の電子がローンペアとなる．このローンペアを使って**配位結合**（coordinatron bond）を形成する．金属イオンは一般に陽イオンであり，最外殻に空の軌道をもつ．金属イオンが安定化するためには，空の軌道にローンペアをもつ物質が配位子として配位結合することが有効である．**図5.20**の**配位子**（ligand）となる窒素とリンの化合物の例を記す．

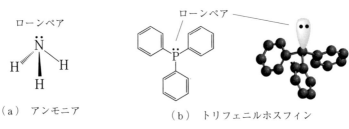

図5.20　配位子となる窒素とリンの化合物の例

アンモニアは，例えば，銅イオンと次のように配位結合を形成する．

$$Cu^{2+} + 4NH_3 \rightarrow [Cu(NH_3)_4]^{2+} \tag{5.17}$$

ここで，水溶液中の銅イオン（Cu^{2+}）には，水分子が配位結合しているが，ここでは省略している．水分子よりもアンモニア分子のほうが銅イオンに配位結合しやすい．この配位結合の結果，銅イオンのd軌道の電子状態が変わるため，顕著な色の変化が観測される．金属イオンと配位子との錯体形成については，6章で説明する．

5.9　酸素と硫黄

酸素（oxygen）や**硫黄**（sulfur）を含む第16族元素は，**カルコゲン**

(chalcogen) と呼ばれる。第16元素の酸素は，地表付近で最も多い元素である。酸素は，大気の20.8%を占めるほか，水や岩石のおもな構成元素であり，多くの生命にとって必須元素である。また，一方で毒性の原因となる場合もあり，酸素があると生存できない生物も存在する。酸素と同族で酸素の次の第3周期に位置する硫黄もまた自然界に比較的多く存在し，生命にも重要な元素である。酸素と硫黄には類似点も多く，化合物中の酸素を硫黄に置き換えた類似体も数多く知られている。

5.9.1 酸素の単体とイオン

酸素原子の電子配置は，$1s^2 2s^2 2p^4$ である。最外殻電子は $2s^2 2p^4$ であり，価電子は6個である。電子を2個ずつ共有すれば最外殻が満たされる。酸素の単体は，sp^2 混成軌道を用いて二重結合で結びついた二原子分子（O_2）である。これは二酸素と呼ばれることがある。酸素の分子軌道については，4章を参照されたい。

二原子のみで構成される比較的小さな分子であり，電荷の偏りもないため，融点（55 K），沸点（90 K）はきわめて低く，常温常圧で気体である。酸素の同素体として**オゾン**（ozone）（O_3）がよく知られている（**図5.21**）。オゾンは，酸素分子が紫外線で励起されることにより，結合の組換えで生成する。その過程を化学反応式で1つにまとめると次のようになる。

$$3O_2 \rightarrow 2O_3 \tag{5.18}$$

オゾンの構造は，形式電荷を使った共鳴構造式で表され，折れ線型である。

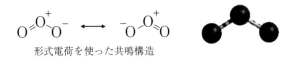

形式電荷を使った共鳴構造

図5.21　オゾンの分子構造

酸素分子は，電荷をもつことで種々のイオンになることが知られている（**表5.14**）。4章の酸素分子における電子配置を参照してほしい。酸素分子は，反

122   5. 典 型 元 素

表5.14 二酸素のイオンと伸縮振動数, 原子間距離

化学式	名 称	構造式	結合次数	O-O 伸縮振動数 cm^{-1}	O-O の結合距離 Å
O_2^{2-}	過酸化物イオン	$^-\!:\!\ddot{O}\!-\!\ddot{O}\!:^-$	1	842	1.49
O_2^-	超酸化物イオン	$\cdot\ddot{O}\!-\!\ddot{O}\!:^-$	1.5	1145	1.28
O_2	酸素分子	$\ddot{O}\!=\!\ddot{O}$	2	1554	1.207
O_2^+	酸素イオン	$\ddot{O}\!=\!\ddot{O}\cdot^+$	2.5	1858	1.123

結合性分子軌道に電子をもつため, 電子を1個失って1価の陽イオンになると結合次数が増加する。反対に電子を受け取って陰イオンになると結合次数は減少していく。電子1個の増減で結合次数は0.5変化する。陽イオンの場合は, **酸素イオン** (oxygen ion) であるが, 陰イオンでは, **〜酸化物イオン** (〜 oxide ion) と呼ばれる。いわゆる酸化物イオンは, 酸素原子1個が電子2個を受け取った O^{2-} の状態であるため, 似て非なるものである。O_2^- が**超酸化物イオン** (superoxide ion), O_2^{2-} が**過酸化物イオン** (hyperoxide ion) である。

結合次数が大きいほど, 結合力は強く (結合は固く) なり, 伸縮振動数は大きくなる。ばねの振動は, ばねが固いほど (ばね定数が大きいほど) 速くなることに対応している。また, 結合が強くなるほど, 原子間距離 (O-O 距離) は短くなる。結合次数と O-O 伸縮振動数, O-O の結合距離との関係は, このことを表している。一般に過酸化物が化学反応性に富むことは, 酸素が過酸化物イオンの状態になると結合次数が小さくなるために結合が切れやすくなることで説明される。

5.9.2　活性酸素と過酸化水素の製法

酸素は, 比較的化学反応性の高い物質であり, 電気陰性度が高いことから, 相手の元素から電子を奪うタイプの化学反応をする。それゆえ, 酸素と結びつく化学反応が酸化と定義されるほどである。物質の燃焼の多くは, 酸化反応で説明される。

5.9 酸素と硫黄

　その酸素がさらに化学反応性を高めた状態が活性酸素である。酸素の単体自身が励起状態や原子状になるなど、化学反応性が高くなった状態や、化学反応性に富む酸素の化合物をまとめて**活性酸素**（reactive oxygen）と呼ぶ。具体的には、**原子状酸素**（atomic oxygen）（O）、**超酸化物イオン**（O_2^-）、**過酸化水素**（hydrogen peroxide）（H_2O_2）、**ヒドロキシルラジカル**（hydroxyl radical）（•OH）、**一重項酸素**（singlet oxygen）（$^1O_2$）が活性酸素に分類され、同素体のオゾン（O_3）を含む場合もある。この中で過酸化水素は、比較的寿命が長く、不純物を含まない過酸化水素水は、長期間の保存が可能である。過酸化水素自身は液体であり、純粋な過酸化水素や高濃度の過酸化水素水は、爆発性がある。過酸化水素は、工業的にも重要であり、大量生産されている。その製造法は、単体の酸素と水素の化学反応である。酸素と水素を直接反応させると燃焼（爆発）して水が生成するため、触媒を用いた工夫により生産される（**図 5.22**）。

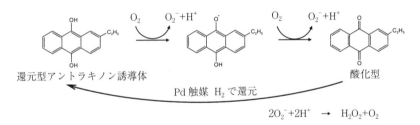

図 5.22　アントラキノン法による過酸化水素の製造過程

　現在、過酸化水素の製造は、**アントラキノン法**（anthraquinone process）によって行われている。まず、アントラキノン誘導体を酸素分子で酸化すると酸素分子は、還元されて超酸化物イオン（O_2^-）になる。このとき部分的に酸化されたアントラキノン誘導体のラジカルは酸素分子によって酸化され、もう1つの O_2^- 生成を伴い、酸化型になる。この酸化型のアントラキノン誘導体は、パラジウム触媒を用いた水素分子による還元で、元の還元型に戻される。このとき生成した O_2^- は、次の化学反応式のように水素イオンと速やかに反応して過酸化水素（H_2O_2）となる。

$$2O_2^- + 2H^+ \rightarrow H_2O_2 + O_2 \tag{5.19}$$

この方法では，アントラキノン誘導体とパラジウムが触媒として用いられ，消費されるのは，酸素分子と水素分子である．この過程をまとめると次の化学反応式になる．

$$H_2 + O_2 \rightarrow H_2O_2 \tag{5.20}$$

繰り返しになるが，この化学反応は，直接引き起こすことはできない．

5.9.3 硫黄の単体

硫黄原子の電子配置は，$1s^2\, 2s^2\, 2p^6\, 3s^2\, 3p^4$ である．最外殻電子は $3s^2\, 3p^4$ であり，酸素と同様に価電子は6個である．多重結合を形成しにくく，二原子分子になりにくいことが酸素と異なる．炭素とケイ素，窒素とリンの違いと同様に大きな硫黄原子は，多重結合を形成しにくいことで説明される．

硫黄の単体は，自然界にも存在しており，複数の同素体が知られているが，いずれも常温常圧で固体であり，酸素が気体であることと対照的である．このことも二重結合で小さな二原子分子にならないことを示している．硫黄原子は単結合（共有結合）でつながり，安定な分子となる．硫黄のように鎖状につながることを**カテネーション**（catenation）という．硫黄は，温度，圧力に依存して，さまざまな同素体を形成するが，常温常圧では，環状の S_8 が主である（図 5.23）．S_8 は，結晶を形成するが，温度により結晶構造は変わる．

図 5.23　硫黄の同素体の1つ S_8 の分子構造．中央と右は量子化学計算による最適化構造を異なる角度から表した図

5.9.4 硫黄の化合物の例

硫黄は，さまざまな化合物を形成するが，自らは硫化物イオン（S^{2-}）の状態をとり，相手の元素は酸化数が大きい状態となることが多い。**硫化水素**（hydrogen sulfide）（H_2S）や**硫化炭素**（carbon sulfide）（CS_2）は，それぞれ，水素の酸化数は$+1$，炭素の酸化数が$+4$の状態である。また，酸素との化合物（酸化物）では，硫黄がプラスの酸化数をもつ。硫黄の特に重要な化合物の1つが**硫酸**（sulfuric acid）（H_2SO_4）である。これは硫黄のオキソ酸である。酸素が1つ少ない**亜硫酸**（sulfurous acid）（H_2SO_3）は単離することができないが，イオンとしては存在する。硫酸の製造過程は次のようになる。

$$S \quad \rightarrow \quad SO_2 \quad \rightarrow \quad SO_3 \quad \rightarrow \quad H_2SO_4 \tag{5.21}$$

まず，自然界にも存在する硫黄を酸素分子により酸化し，**二酸化硫黄**（sulfur dioxide）（SO_2）にする。これをさらに酸素分子で酸化し，**三酸化硫黄**（sulfur trioxide）（SO_3）にする。これを水と作用させると$1:1$で反応して硫酸が生成する。純粋な硫酸（濃硫酸）は，常温常圧で無色の液体である。濃硫酸は，粘性が高く（粘性率 $2.67\,\mathrm{mPa\,s}$，$20\,℃$），高沸点（$322\,℃$）であり，重い（密度 $1.84\,\mathrm{g\,cm^{-3}}$）。また，よく知られているように強酸性であり，さらに，強い**脱水作用**（dehydration）と**酸化作用**（oxidation）を示す。水溶液である希硫酸には脱水作用や酸化作用はない。硫黄は，有機化合物の構成元素となることも多い。有機化合物中の酸素は，硫黄に置き換え可能な場合が多い。硫黄との置換により，分子の形をほとんど変えずに酸化還元電位や吸収波長などの物性を大きく変えることもできる。

5.10 ハロゲン

ハロゲン（halogen）は，希ガスを除くと周期表で最も右側に位置する第17族の元素であり，同周期では，希ガスを除いて最も原子核の陽子数が多い。そこで，ハロゲンは，希ガスを除くと，同周期では一番小さい。最外殻の電子配置は，周期番号を n とすると $ns^2\,np^5$（$n \geq 2$）である。価電子数は7個であ

126　5. 典 型 元 素

り，あと1個の電子で最外殻が満たされ，希ガスと同じ電子配置となる。その
ため，ハロゲンの単体は，電子を1個ずつ共有した二原子分子となる。

　一般にハロゲンの電子親和力と電気陰性度は大きい。すべての元素の中で，
電気陰性度が最も大きいのはフッ素であるが，電子親和力が最も大きいのは塩
素である。ハロゲンの電気陰性度は，原子番号が増加すると小さくなる。ハロ
ゲン原子は，電子を1個受け取ると安定な電子配置となることから，相手から
電子を奪う（相手を酸化する）タイプの化学反応を引き起こす。自らは1価の
陰イオンになりやすい。

　ハロゲンは，原子番号が大きくなると，原子核からの引力が弱いより外側の
軌道に電子を受け入れることになるため，化学反応性や酸化力は小さくなる。
1価の陰イオンになりやすいことから，イオン結合を形成する。イオン結合性
の固体化合物として，アルカリ金属の**ハロゲン化物**（halide）（$NaCl$，KCl な
ど）がよく知られている。また，共有結合性の化合物も形成するが，ハロゲン
側に電子が偏ることが多いために極性をもち，イオン結合性を帯びる。共有結
合による分子性化合物では，水素のハロゲン化物（HF，HCl，HBr，HI）と炭
素のハロゲン化物（CF_4，CCl_4，CBr_4，CI_4）があげられる。これらのハロゲン
を含む化合物では，イオン結合性および共有結合性の寄与の大きさに関わら
ず，ハロゲンの酸化数は，一般に-1とみなされる。

　ハロゲンと呼ばれる第17族元素として，**フッ素**（fluorine），**塩素**（chlorine），
臭素（bromine），**ヨウ素**（iodine），**アスタチン**（astatine），**テネシン**
（tennessine）がある。この中で安定同位体として存在するのは，フッ素，塩
素，臭素，ヨウ素である。アスタチンは，自然界で生成されることがあるが，
ごくわずかであり，人工的に核反応で合成されるのは放射性同位体だけである
ため，性質はよくわかっていない。また，テネシンは，人工的な核反応による
生成が確認されているが，現在のところ詳しく性質を実験で評価するには至っ
ていない。

5.10.1 ハロゲンの単体

ここから先は，自然界に安定同位体が存在するフッ素，塩素，臭素，ヨウ素について述べる。ハロゲンは化学反応性が高いため，これらの単体は，自然界にはほとんど存在していない。単体はいずれも二原子分子であり，F_2，Cl_2，Br_2，I_2と示される。大きさ（質量）と電子数が異なる以外は，同じタイプの二原子分子である。そこで，物質の電子数と性質の違いを考える上で有効な例といえる。これら単体の常温常圧における状態と色を**表5.15**にまとめる。

表5.15 ハロゲン単体（分子）の状態と色

分子	状態	融点℃	沸点℃	色
F_2	気体	-220	-188	淡黄色
Cl_2	気体	-102	-34	黄緑色
Br_2	液体	-7.2	59	赤褐色（暗赤色）
I_2	固体	114	184	紫色（黒紫色）

電子数が増加するに従って，分子間力が強くなり，融点と沸点が上昇する様子がわかる。F_2とCl_2は，常温常圧で気体であるが，Br_2では液体となり，I_2では固体である。物質の色は，電子遷移に基づいて現れる性質である。電子数が少ないと，分子軌道における HOMO と LUMO のエネルギーギャップは，大きくなる傾向がある。F_2では電子遷移のエネルギーギャップがこれらの元素の中で最も大きく，ほぼ紫外線のエネルギーに相当する。F_2はおもに紫外線を吸収し，可視光域にわずかに吸収帯がかかるため，その色は淡黄色となる（以前は無色とされていた）。電子数が増加するにしたがい，分子軌道のエネルギーギャップが小さくなることで可視光を吸収できるようになり，はっきりした色が観測される。Cl_2では，比較的短波長の可視光で励起されるため，短波長の可視光が吸収されて黄緑色に見える。Br_2は可視光の波長域の大部分を吸収でき，吸収されにくい長波長側の可視光である赤褐色に見える。I_2に至っては，可視光域のほぼすべてを吸収できるために黒色に近い色になる。

5.10.2 ハロゲン単体の製法

自然界にハロゲンの単体は，おもに陰イオン（塩）として存在している。そこで，ハロゲンを含む化合物のハロゲン化物イオンを酸化すれば単体を得ることができる。ハロゲンの化学反応性は，原子番号の増加に伴って小さくなるので，単体の製造も原子番号の増加にしたがって容易になる。最もつくりにくいのがフッ素（F_2）である。通常の化学反応では不可能であり，力業である電気分解を利用する。液体 HF 中で KF を電気分解することにより，次の化学反応式に従って生成される。

$$KF + 3HF \rightarrow F_2 + KHF_2 + H_2 \tag{5.22}$$

塩素（Cl_2）は，化合物から化学反応で生成することも可能であるが，工業的には電気分解が利用される。ただし，水溶液中の電気分解で可能であるため，F_2 の製造よりは容易である。おもに，塩化ナトリウム（NaCl）水溶液の電気分解により，次の化学反応式で得られる。この方法は，**隔膜電解法**（diaphragm electrolysis）と呼ばれる（**図 5.24**）。

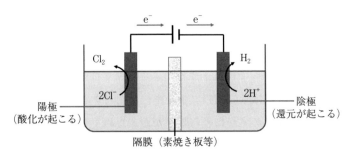

図 5.24 隔膜電解法による塩素分子の製造

$$2NaCl + 2H_2O \rightarrow 2NaOH + H_2 + Cl_2 \tag{5.23}$$

この反応を陽極と陰極に分けると次のようになる。

$$陽極 \quad 2Cl^- \rightarrow Cl_2 + 2e^- \tag{5.24}$$

$$陰極 \quad 2H^+ + 2e^- \rightarrow H_2 \tag{5.25}$$

目的の Cl_2 は，酸化反応が起こる陽極で発生する。過電圧の関係で水の酸化による酸素（O_2）の発生ではなく，Cl_2 の発生が優先する。

臭素（Br_2）の製法には，通常の化学反応を利用できる。臭化物イオンを同じハロゲンの中で酸化力が強い塩素を用いて酸化すれば，次の化学反応式にしたがい，Br_2 が得られる。

$$2Br^- + Cl_2 \rightarrow Br_2 + 2Cl^- \tag{5.26}$$

このとき，塩素（Cl_2）は，自らは還元されて Cl^- となる。ヨウ素（I_2）の製法はさらに容易で，一般的な酸化剤（例えば，二酸化マンガン）でヨウ化物イオンを酸化すればよい。

$$2I^- \rightarrow I_2 \tag{5.27}$$

このように，原子番号が大きいハロゲンほど，簡単に単体を得られる。これは，アルカリ金属単体の製造の場合とは逆である。

5.10.3 フッ素の特徴

フッ素原子の電子配置は，$1s^2\,2s^2\,2p^5$ であり，価電子は 7 個である。全元素において，価電子の最大数は 7 個であるが，フッ素は 7 個の価電子をもつ元素の中で最も小さい。フッ素分子（F_2）は小さく，電子をたくさんもつという特徴がある。そのために，電子どうしの反発が大きく，F_2 の結合エネルギーは小さい（**表 5.16**）。したがって，比較的少ないエネルギーで結合が切断されて F 原子になる。一方で，フッ素の電気陰性度は全元素の中で最大（電子親和力は，Cl が最大であることに注意）であるため，他の元素の原子と共有結合を形成するとき，極性共有結合の効果で強い結合が形成される。その結果，フッ素との反応は，大きな発熱反応となる。

有機化合物を含め，水素をフッ素で置換した化合物は，特徴的な性質を示

表 5.16　二原子分子と共有結合の結合エネルギー

単体	結合エネルギー kJ mol^{-1}	共有結合の例	結合エネルギー kJ mol^{-1}
F–F	159	C–F	486
H–H	436	C–H	415
Cl–Cl	239	C–Cl	330

す。例えば，**フッ素樹脂**（fluorocarbon resin）は，耐薬品性に優れる。フッ素樹脂は，フライパンなど，調理器具の表面のコーティングなどに使われている。炭化水素の水素原子をフッ素原子に置換した化合物が安定である理由の1つは，上述のように結合エネルギーが大きいため分解されにくいことでもあるが，それ以上に重要なのが，フッ素樹脂は水や薬品などを含むさまざまな物質と相互作用が弱い（はじく）ことである。炭素とフッ素の結合電子は，フッ素によって引き付けられ，空間的に大きく広がることがない。その結果，他の物質との分子間力が弱くなる。すなわち，サラサラした状態になり，水や汚れが付きにくい。このように異物が接触しないと化学反応による腐食が起こりにくい。

　フッ素の電気陰性度が高いことによる興味深い特徴が他にも知られている。同じハロゲンどうしの化合物であるが，IF_7 と FI_7 では，どちらが存在するであろうか？いずれかの元素が他方の元素の価電子をすべて奪ったような化合物であるが，正解は IF_7 である。これは，ヨウ素原子から電子を7個奪った I^{7+} と7個の F^- で構成されるとみなされる。イメージすると**図5.25**のように表される。その理由は，大きいヨウ素原子と小さいフッ素原子の組合せであることのほか，フッ素のほうがヨウ素よりも電気陰性度が高く，I^{7+} というヨウ素の高い酸化状態を維持することができる。逆のパターンは不可能である。小さいフッ素原子の周りに大きなヨウ素原子が7個も集まることには無理があるほか，ヨウ素のほうが電子を引き付ける力が弱いためである。

図5.25　フッ化ヨウ素（IF_7）形成のイメージ

　フッ素の電気陰性度の大きさによるもう1つの特徴として，**誘起効果**（inductive effect）があげられる。これは，フッ素を導入した物質の酸性度が増大することで知られている。例えば，酢酸（CH_3COOH）の水素をフッ素に

置換した**トリフルオロ酢酸**（trifluoroacetic acid）（CF_3COOH）では，酸性度が著しく強くなることが知られている。ここでは，酸性度の指標として**酸解離指数**（acid dissociation index）（pK_a，8章）で比較する。pK_a が小さいほど酸性が強い。酢酸とトリフルオロ酢酸の酸解離は，それぞれ次の式で表される。

$$CH_3COOH \quad \rightarrow \quad CH_3COO^- \quad + \quad H^+ \quad (pK_a = 4.72) \tag{5.28}$$

$$CF_3COOH \quad \rightarrow \quad CF_3COO^- \quad + \quad H^+ \quad (pK_a = -0.25) \tag{5.29}$$

これらの過程は可逆的であるので，酸解離で生成する陰イオンが安定であるほど，逆反応が起こりにくいため，強い酸となる。フッ素の電気陰性度が大きいため，解離で生じた負電荷をフッ素が引き付ける効果が誘起効果である（**図5.26**）。その結果，H^+ を解離した後の陰イオンを安定化できる。

誘起効果　⟵　　　Fが電子を引き付ける

CF_3COO^-

図 5.26　トリフルオロ酢酸におけるフッ素の誘起効果

5.11　オ キ ソ 酸

広い意味で元素の水酸化物の1つであり，酸素を含む酸をオキソ酸と呼ぶ。簡単に表すと，オキソ酸は，X-OH のように書くことができる。**水酸基**（hydroxyl group）（OH）を2つ以上もつオキソ酸もある。X-OH は，次のように解離して，水素イオンを生成する。

$$X\text{-}OH \quad \rightarrow \quad X\text{-}O^- \quad + \quad H^+ \tag{5.30}$$

アルカリ金属の水酸化物は，アルカリ金属イオンと水酸化物イオン（OH^-）に解離するが，オキソ酸の OH は，O と H の間で解離する。OH をもつ物質で，元素の種類によって，酸になる場合と塩基になる場合がある。これは，X で表される部分の電子を引き付ける力に依存する。電気陰性度が高い元素を含み，負電荷を安定化できる場合では XO^- が安定となり，酸になる。反対に正電荷をもつほうが安定となる場合，すなわち X^+ が安定な場合には塩基にな

る。アルカリ金属では，陽イオンの状態が安定なため，塩基になる。まとめると次のようになる。

(酸)　X-O-H　→　XO$^-$　+　H$^+$　（X が負電荷を安定化）　　(5.31)

(塩基)　X-O-H　→　X$^+$　+　OH$^-$　（X$^+$ が安定）　　(5.32)

5.11.1　周期表とオキソ酸

周期表における左側の元素の水酸化物は塩基性であり，右側の元素を含む水酸化物は酸性を示す傾向が見られる（**図 5.27**）。境界付近のアルミニウムは，両性であり，酸とも塩基とも反応する。また，酸素自身にはオキソ酸と呼ばれる物質はなく，ここで酸素は除外される。また，フッ素のオキソ酸は知られていない。図 5.27 において，塩基の強さは，周期表の下側のほうが強く，反対に酸の強さは上側が強い傾向にある。具体的な化合物と酸や塩基としての強さを**図 5.28** にまとめる。

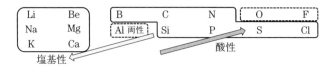

図 5.27　周期表における各元素の水酸化物の性質

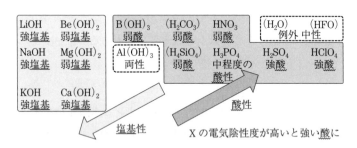

図 5.28　水酸化物の例と酸または塩基の強さ

ここで，強酸や強塩基とは，水に溶けて，ほぼ完全に解離する物質を意味している。弱酸や弱塩基は，水に溶けて，わずかしか解離しない物質である。また，H$_3$PO$_4$ は，「中程度の酸性」と評価されている。H$_3$PO$_4$ は，水に溶けると

濃度や温度に依存するが，ある程度（2～3割程度）解離する。0.1 mol
dm$^{-3\dagger}$ H$_3$PO$_4$ 水溶液の電離度は 0.27 である。この値は，弱酸に分類される物
質と比べるとかなり大きいが，大部分が解離するとはいえない。そこで，弱酸
と強酸の中間という意味で中程度という表現がふさわしい。また，水は中性の
物質の代表ともいえる。見かたを変えると，H$^+$ と OH$^-$ の両方を生成するの
で，酸でも塩基でもあるともいえる。なお，フッ素の水酸化物とみなせる**次亜
フッ素酸**（hypofluorous acid）（HFO）は，酸性を示さない。次亜フッ素酸は，
きわめて不安定な物質である。フッ素も酸素も電子を奪おうとする作用がある
ため，フッ素と酸素の結合は相性が悪いためであると解釈できる。

5.11.2　おもな典型元素のオキソ酸

オキソ酸に話を戻し，各元素のオキソ酸の例を**表5.17**に示す。表の pK_a の
値は 25℃における参考値であり，実際は濃度などにも依存し，温度により変
わる。多段階解離するオキソ酸では，二段階目，三段階目の解離のしやすさは
小さくなっていくことがわかる。

この表でホウ素のオキソ酸であるホウ酸は，水に溶けてはじめて水素イオン
を生成できることがわかる。炭素のオキソ酸である**炭酸**（carbonic acid）も同

表5.17　おもな元素のオキソ酸の例

元素	オキソ酸の化学式と解離	pK_a	備考
B	$B(OH)_3 + H_2O \rightarrow B(OH)_4^- + H^+$	9.24	
C	$CO_2 + H_2O \rightarrow HCO_3^- + H^+$ $(H_2CO_3 \rightarrow HCO_3^- + H^+)$ $HCO_3^- \rightarrow CO_3^{2-} + H^+$	6.35 10.33	二段階解離 H_2CO_3 は，仮想的な分子
N	$HNO_3 \rightarrow NO_3^- + H^+$	-1.4	
P	$H_3PO_4 \rightarrow H_2PO_4^- + H^+$ $H_2PO_4^- \rightarrow HPO_4^{2-} + H^+$ $HPO_4^{2-} \rightarrow PO_4^{3-} + H^+$	2.12 7.21 12.67	三段階解離
S	$H_2SO_4 \rightarrow HSO_4^- + H^+$ $HSO_4^- \rightarrow SO_4^{2-} + H^+$	-3 1.99	二段階解離

---

†　mol dm^{-3} ＝mol L^{-1}

134   5. 典 型 元 素

様であり，H_2CO_3 は仮想的な分子である。強酸に分類される硝酸（HNO_3）と硫酸（H_2SO_4）の一段階解離の pK_a は，いずれも負であるが，水に溶けるとほぼ完全に解離することを意味している。硝酸と硫酸の製造法の概略は，5.9.4項および5.8.1項で復習してほしい。

5.11.3 ハロゲンのオキソ酸

次にハロゲンのオキソ酸について述べる。フッ素のオキソ酸は知られていないが，塩素，臭素，ヨウ素のオキソ酸はよく知られており，いずれも強い酸性を示すものがある。ハロゲン元素を X と表すと，HXO_3 を「〜酸」（ここで〜は，ハロゲンの元素名）と呼び，酸素が1つ増え HXO_4 となった化合物を「過〜酸」と呼ぶ。反対に酸素が1つ減り HXO_2 となると「亜〜酸」，さらに酸素が減り HXO となると「次亜〜酸」と呼ばれる。いずれも一価の酸である。例として塩素のオキソ酸を**表5.18**にまとめる。

表5.18 塩素のオキソ酸の例

名 称	化学式	Cl の酸化数	酸性	pK_a	備考
次亜塩素酸	$HClO$	+1	弱酸	7.53	
亜塩素酸	$HClO_2$	+3	中程度の酸	2.36	不安定
塩素酸	$HClO_3$	+5	強酸	−1	単離不可能
過塩素酸	$HClO_4$	+7	強酸	−10	

酸素が増えるほど，塩素の酸化数は大きくなる（この場合，−1ではないことに注意）。オキソ酸の強さは，水素イオンの解離で生じる陰イオンの安定性に依存しており，塩素の酸化数が大きいほど，陰イオンの負電荷を安定化できるため，酸性度も強くなっていく様子がわかる。特に**過塩素酸**（perchloric acid）は，硝酸や硫酸を超えるきわめて強い酸であることが伺える（実際には，これらの強酸の強さの違いは，ほとんど変わらないようにみえるが，pK_a の値を見ると数字で酸の強さを比べることができる）。

次亜塩素酸（hypochlorous acid）は，水溶液中でゆっくり分解する。次亜塩素酸のナトリウムなどの塩は，酸化剤や漂白剤，殺菌剤などとして用いられて

いる。**亜塩素酸**（chlorous acid）は，中程度の酸であり，水溶液中で不安定である。また，**塩素酸**（chloric acid）は，**遊離酸**（free acid）（$HClO_3$ の状態）として単離することは不可能である。過塩素酸は，上述のようにかなり強い酸であり，遊離酸として単離することができる。

　臭素とヨウ素のオキソ酸も同様に酸素の数に依存して酸として強くなる。最もハロゲン原子の酸化数が大きい**過臭素酸**（perbromic acid）（$HBrO_4$）と**過ヨウ素酸**（periodic acid）（HIO_4）は，いずれも強酸に分類される。

　次亜臭素酸（hypobromous acid）（$HBrO$）は，臭素を水に溶かすと生成し，次亜塩素酸と似た性質を示す。**臭素酸**（bromic acid）（$HBrO_3$）と**亜臭素酸**（bromous acid）（$HBrO_2$）は，いずれも不安定であり，これらの遊離酸は単離できない。過臭素酸は，強酸であり，酸化力も強い。不安定であり，遊離酸の単離は困難である。

　次亜ヨウ素酸（hypoiodous acid）（HIO）は，弱酸であり，遊離酸として単離できない。**亜ヨウ素酸**（iodous acid）（$HBrO_2$）については，存在が確認されていない。**ヨウ素酸**（iodic acid）（HIO_3）は，ある程度強い酸（$pK_a = 0.75$）であり，結晶として単離できる。なお，過ヨウ素酸には，HIO_4 で表されるメタ過ヨウ素酸のほか，H_5IO_6 で表されるオルト過ヨウ素酸も知られている。メタ過ヨウ素酸は，強酸であり，遊離酸としては単離できない。オルト過ヨウ素酸の pK_a は 3.29 であり，弱酸に分類され，結晶として単離できる。

ま　と　め

　ここでは，各元素の性質について，重要なキーワードや概要をまとめる。

水素

・同位体（H，D，T）

・H の酸化数：0，+1，-1（水素原子，水素イオン，水素化物イオン）

・強い還元力

・塩類似水素化物，分子性水素化物，金属類似水素化物

136 5. 典 型 元 素

希ガス

・化学的にきわめて安定，化学反応性はきわめて低いが，工業的な用途多数

・ヘリウムの特徴的な性質（最も冷たい液体）と利用例

アルカリ金属

・低密度，低融点，低沸点，やわらかい，強い還元力（酸化されやすい）

・化合物（塩）からの単体の製法

・各アルカリ金属の水との反応性

・液体アンモニアへの溶解，クラウンエーテルとの錯体形成

・酸化物，過酸化物，超酸化物

アルカリ土類金属（第2族元素）

・アルカリ金属よりも化学反応性が低い

・化学的性質における対角関係

ホウ素

・安定同位体 ^{10}B の原子核は中性子を吸収しやすい

・単体は，硬くて脆い固体，黒い結晶

・半導体（半金属）

・高純度ホウ素は，帯域溶融法で作られる

・3中心2電子結合

・化合物の例，水素化物であるボランにおける構造のパターン

アルミニウム

・地殻中に化合物として多く存在（ボーキサイト）

・単体は金属

・比較的軽量，加工しやすい，低融点

・溶融塩の電気分解で単体を得る（ホール-エール法）

・両性水酸化物，両性イオン

・酸化物，水酸化物，ハロゲン化物などのさまざまな化合物を形成

炭素

・安定同位体の ^{12}C，^{13}C と放射性同位体の ^{14}C（半減期5730年）

・同素体：ダイヤモンド，グラファイト，グラフェン，カーボンナノチューブ，カーボンナノホーン，フラーレン（C_{60}，C_{70} など）

・安定な共有結合を形成，多重結合が得意

・陰イオン（C_2^{2-}）となり，炭化物を形成することもある

ケイ素

・半導体として重要

・ダイヤモンド型構造の共有結合結晶（黒色）

・おもに酸化物として地殻中に豊富に存在

・自然界に存在する酸化物から，還元，塩素化などを経た精留と還元で精製

・帯域溶融法で高純度に精製

・多重結合を作りにくい

・水素化物，ハロゲン化物，酸化物，炭化物などの化合物を形成

窒素

・単体は化学的に非常に安定

・多重結合を形成，単体（N_2）は気体

・さまざまな酸化数をもつ化合物を形成（おもに酸化物）

・化合物の多くはローンペアを使い配位子となる（リンの化合物との類似点）

リン

・同素体：白リン（黄リン），赤リン，黒リン（白リンは自然発火性）

・多重結合の形成は，窒素と比べて得意ではない

・単体は固体（窒素の単体は気体）

・化合物の多くはローンペアを使い配位子となる（窒素化合物との類似点）

酸素

・酸素は，二重結合で二原子分子の単体（気体）

・同素体にオゾン（O_3）

・酸素分子には複数のイオンが存在，結合次数と硬さ（反応性）の関係

・さまざまな酸化物やイオンの生成，化学反応などにより活性酸素を生成

・過酸化水素の製法（触媒を利用して酸素と水素から合成）

138   5. 典 型 元 素

硫黄

・単体は固体（酸素より多重結合が苦手，単結合で固体を形成）

・単結合で鎖状につながるカテネーション

・さまざまな同素体

・硫酸は強酸性，強い酸化作用と脱水作用をもつ，硫黄の酸化により製造

・化合物中の酸素を硫黄に置換した化合物が知られる

ハロゲン

・各元素単体の常温常圧における状態と色は原子番号と関係

・一価の陰イオン（酸化数-1）の状態になりやすい

・化合物の酸化で単体を製造

・原子番号が大きいほど，化学反応性が低い

・フッ素の特徴：電気陰性度最大，誘起効果

オキソ酸

・ヒドロキシル基（-OH）を含む化合物，$X-O^-$ ＋ H^+ の形で解離

・水酸化物でも塩基ではなく，酸になる

・電気陰性度が高い元素で強酸となる傾向

・酸素，フッ素の類似化合物はオキソ酸の例外

・塩素のオキソ酸における Cl の酸化数と酸性度の関係

    周期表を振り返り，希ガス以外の元素において，常温常圧で単体が気体である元素を探すと**図5.29** において丸で囲った元素（合計5種類）が見つかる。周期表の上のほうに位置した二原子分子である。灰色の背景色の窒素と酸素は，多重結合で二原子分子を形成している。窒素と酸素はp軌道の中で最も小さい2p軌道の電子を使い，π結合を形成できるため，多重結合が得意であるという特徴がある。希ガスは，すべて単原子分子であり，それ以外で気体の元素は，すべて二原子分子である。したがって，気体であるためには，できるだけ小さく，軽く，そして，電子が少ないことにより，分子間力が小さいという傾向がみられる。

周期\族	1	2	3	4	5	6	7	8	9	10	11	12	13	14	15	16	17	18
1	(H)																	He
2	Li	Be											B	C	(N)	(O)	(F)	Ne
3	Na	Mg											Al	Si	P	S	(Cl)	Ar
4	K	Ca	Sc	Ti	V	Cr	Mn	Fe	Co	Ni	Cu	Zn	Ga	Ge	As	Se	Br	Kr

図5.29 常温常圧で単体が気体である元素（黒丸の元素）

ここまでが，化学を学ぶ理系大学生が無機化学の分野で最低限知っていてほしいことをまとめた章である。この先では，より専門性の高い無機化学とその応用，関連分野について述べる。

章 末 問 題

1. 次の物質における水素の酸化数は，いくらか？　HCl，H_2，NaH
2. 金属ナトリウムを実験で使用中に発火した場合，消火はどのようにして行うべきであるか？また，そのとき何をしてはいけないか？
3. 同じ周期のアルカリ金属元素とアルカリ土類金属元素の化学反応性が高いのは，どちらであると考えられるか？
4. ナトリウムとカリウムでは，水との反応性がより激しいのはどちらと考えられるか？その理由も考察せよ。
5. 二酸化炭素と二酸化ケイ素の構造や物性の違いをあげよ。
6. 次の化合物，ジボラン（B_2H_6）とエタン（C_2H_6）の立体構造の違いを結合の違いから説明せよ。
7. 窒素とリンの単体の違いを説明せよ。
8. 酸素分子と過酸化物において，酸素どうしの結合が切断されやすく，化学反応性が高いのはどちらであると考えられるか？
9. ハロゲン（フッ素，塩素，臭素，ヨウ素）の常温，常圧における状態（気体，液体，固体）を示し，そのようになる違いの理由を考察せよ。
10. 炭素と窒素のオキソ酸の酸性度と元素の電気陰性度の関係を考察せよ。

6. 遷移元素と錯体化学

6.1 遷移元素とは

遷移元素（または**遷移金属**，transition metal）とは，周期表で第3族～11族までの元素を指す（図6.1）。なお，遷移元素は，dブロック元素に含まれる。

族周期	1	2	3	4	5	6	7	8	9	10	11	12	13	14	15	16	17	18
1	H																	He
2	Li	Be											B	C	N	O	F	Ne
3	Na	Mg											Al	Si	P	S	Cl	Ar
4	K	Ca	Sc	Ti	V	Cr	Mn	Fe	Co	Ni	Cu	Zn	Ga	Ge	As	Se	Br	Kr
5	Rb	Sr	Y	Zr	Nb	Mo	Tc	Ru	Rh	Pd	Ag	Cd	In	Sn	Sb	Te	I	Xe
6	Cs	Ba	ランタノイド	Hf	Ta	W	Re	Os	Ir	Pt	Au	Hg	Tl	Pb	Bi	Po	At	Rn
7	Fr	Ra	アクチノイド	Rf	Db	Sg	Bh	Hs	Mt	Ds	Rg	Cn	Nh	Fl	Mc	Lv	Ts	Og

ランタノイド	La	Ce	Pr	Nd	Pm	Sm	Eu	Gd	Tb	Dy	Ho	Er	Tm	Yb	Lu
アクチノイド	Ac	Th	Pa	U	Np	Pu	Am	Cm	Bk	Cf	Es	Fm	Md	No	Lr

■ 遷移元素

図6.1 周期表における遷移元素

また，一般に，第12族元素はdブロック元素ではあるが，遷移元素には含まれず，典型元素である。遷移元素と典型元素との違いは，図1.6（1章）に示したルールで電子配置がなされる場合に，d軌道（またはf軌道）が「中途半端」な数の電子をもつことである（図6.2）。ここでいう「中途半端」とは，d軌道の電子数が1～9個（f軌道の場合，1～13個）ということである。一

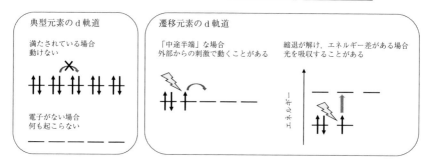

図 6.2　典型元素と遷移元素における d 軌道の電子配置

方，d 軌道や f 軌道に電子をまったくもたないか，あるいは最外殻の 1 つ内側の d 軌道（f 軌道の場合，最外殻より 2 つ内側の f 軌道）が電子で満たされている元素が典型元素である。

ただし，実際の元素の電子配置では，遷移元素に分類される銅，パラジウム，銀，金，イッテルビウムのような図 1.6 のルールに従わない例外も存在する。これらの元素では，最外殻の s 軌道の電子が内殻の d 軌道や f 軌道に取られ，d 軌道や f 軌道が電子で満たされている。これらの元素では，化合物を形成するとき，s 軌道と d 軌道または f 軌道との電子のやりとりによって，これらの軌道の電子状態が他の遷移元素と同様に「中途半端」になる場合がある。「中途半端」な数の電子を d 軌道や f 軌道にもつと，その電子は，同じ主量子数の d 軌道や f 軌道の中で比較的容易に動くことができる。図 6.2 では，d 軌道を例にしている。

化合物における元素の d 軌道のエネルギー準位は縮退が解かれており，エネルギー差があるので，外部から光などのエネルギーを吸収することにより遷移する。また，電子は小さな磁石の性質をもつが，「中途半端」な電子数の場合，**磁性**（magnetism）が打ち消されることなく残るので，その原子やイオンは磁性をもつ。周期表において遷移元素は，原子番号の増加に伴い，一般に最外殻の電子配置が変わらず，内殻の d 軌道や f 軌道の電子数が増加する。したがって，化学的な性質は，周期表における隣どうしの元素で似ている場合が多い。また，遷移元素の性質の違いは，内殻の d 軌道や f 軌道の電子配置の影響

142   6. 遷移元素と錯体化学

による場合が多い。遷移元素は，錯体（金属錯体）を形成する物質が多く，磁性，触媒，光化学反応などに特徴的な性質を示す。本章では，遷移元素がつくる重要な化合物である配位化合物について学ぶため，まず錯体化学の基礎について述べ，続いて，代表的な遷移元素の各論について扱う。

6.2 配位化合物

配位化合物（coordination compound）とは，配位結合によって形成された化合物のことである。おもに，金属イオンと窒素や酸素，リンなどのローンペアをもつ元素を含む物質との間に形成される場合が多い。遷移元素は，すべて金属であり，多くの配位化合物が知られている。遷移元素の配位化合物には，太陽電池における光増感剤や触媒，電子材料など，さまざまな用途がある。また，生命において，光合成における光捕集や酵素反応，血液における酸素の運搬など，その役割は多岐に渡っている。ここでは，配位結合について復習した後，錯体の構造について扱う。

6.2.1 配 位 結 合

金属原子または金属イオンと配位子となる物質との配位結合で金属錯体は形成される。配位結合とは，共有結合の単結合において，片方の原子からのみの電子対を使った結合である。共有結合については，4章に記載している。おもな配位子を**表6.1**にまとめる。窒素や酸素，リンのほか，ハロゲンなどのローンペアをもつ元素が配位結合に関わっている。ローンペアをもち，電子対を提供する原子を**ドナー原子**（donor atom）と呼び，その電子対を受け取る原子（金属原子または金属イオン）を**アクセプター原子**（acceptor atom）と呼ぶ。配位子には，アンモニアや水などの無機物質のほか，有機化合物に分類される多くの物質が知られている。そこで，金属錯体の化学は，無機化学と有機化学の融合分野といえる。また，配位子の名称は，その物質名とは少し異なっている。

6.2 配 位 化 合 物　　*143*

表6.1 おもな配位子

配位子の名称（略称）	化学式	配位する元素
アンミン	NH_3	N
アクア	H_2O	O
ヒドロキシド	OH^-	O
オキシド	O^{2-}	O
ヒドリド	H^-	H
フルオリド	F^-	F
クロリド	Cl^-	Cl
ブロミド	Br^-	Br
ヨージド	I^-	I
シアニド	CN^-	C
カルボニル	CO	C*
2,2′-ビピリジン（bpy）	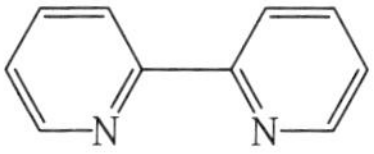	N
クラウンエーテル（18-クラウン-6）	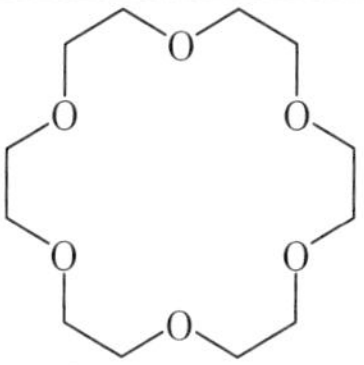	O
トリメチルホスフィン	$P(CH_3)_3$	P
トリフェニルホスフィン	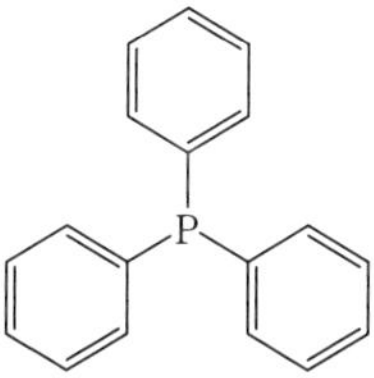	P

*10章で説明する逆供与による結合が関与する場合がある。

6.2.2　錯体の命名法

　錯体の名称は，これまで学んだ化合物の名称に比べると特殊と感じるかもしれない。ここでは，その命名法について簡単に説明する。まず，配位子をアルファベット順に記し，金属イオンを記す。また，数を表す接頭辞には，モノ（mono）（1），ジ（di）（2），トリ（tri）（3），テトラ（tetra）（4）などを

用いる。例えば，[Cu (NH₃)₄]²⁺は，テトラアンミン銅(II)イオン(tetraammine copper(II)ion) となる。

ジ，トリなどの数を表す接頭辞がすでに使われている化合物の数をさらに表す場合，2個，3個，4個では，ビス(bis)，トリス(tris)，テトラキス(tetrakis)などを使う。一般に，陽イオンである金属元素の名称は最後に記述される。配位子は，金属元素よりも先に記述されるが，複数もつ場合は，アルファベット順に記述される。

例えば，**図**6.3の錯体は，カルボニルヒドリドトリス（トリフェニルホスフィン）ロジウム(I) (carbonylhydridotris (triphenylphosphine) rhodium (I)) と命名される。3個のフェニル基（トリフェニル）をもつリン原子が配位子となり，その3個（トリス（トリフェニルホスフィン））(tris (triphenylphosphine)) が1個のロジウムイオン（Rh⁺）に配位結合している。さらに，**カルボニル**（carbonyl）（CO）と**ヒドリド**（hydrido）（H⁻）も1つずつ配位結合している。

（a）化学式（3個のトリフェニルホスフィンがRhにそれぞれ結合）　　（b）　立体構造

図6.3　金属錯体の例（カルボニルヒドリドトリス（トリフェニルホスフィン）ロジウム(I)）

金属イオンは，一般にカチオン（陽イオン）であり，金属錯体イオンも電荷が全体でカチオンの場合は，以上のように命名する。もし，配位子がアニオン（陰イオン）であり，金属錯体イオン全体もアニオンとなる場合には，〜酸という呼び方をする。白金イオンと塩化物イオンから構成される[PtCl₆]²⁻は，

塩化白金（IV）酸イオンと呼ぶ。H_2PtCl_6 は塩化白金酸であり，その塩の1つである $Na_2[PtCl_6]$ は，カチオンであるナトリウムイオンを最後に記載し，塩化白金酸ナトリウムと呼ぶ。

6.2.3 錯体の構造

金属錯体の構造は，電子対の反発を最小にするように原子やイオンが並ぶと考えてよい。4章の電子対反発則を思い出してほしい。金属イオンまたは金属原子に配位している配位子の数を配位数と呼ぶ。配位数は，金属イオンまたは金属原子の大きさ，その分子軌道，配位子の立体障害などによって決まる。配位数と金属錯体，その構造について**表6.2**にいくつかの例を示す。

表6.2 配位数と金属錯体の例

配位数	構造の例	金属錯体の例（名称）	化学式
二配位	直線	ジアンミン銀イオン	$[Ag(NH_3)_2]^+$
四配位	四面体	過マンガン酸イオン	$[MnO_4]^-$
	平面四角形	塩化金酸イオン	$[AuCl_4]^-$
五配位		テトラフェニルポルフィリンのアルミニウム錯体	
六配位	八面体	塩化白金酸イオン	$[PtCl_6]^{2-}$

146   6. 遷移元素と錯体化学

表6.2 （つづき）

	三角柱 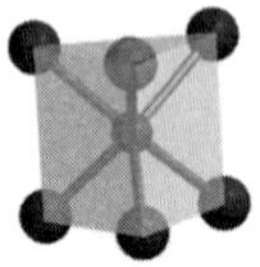	ヘキサメチルタングステン	$W(CH_3)_6$
七配位	五方両錐 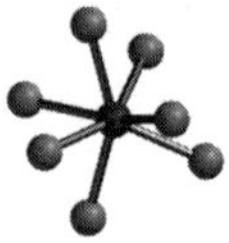	ヘプタフロオリドジルコニウム酸イオン	$[ZrF_7]^{3-}$
八配位	十二面体 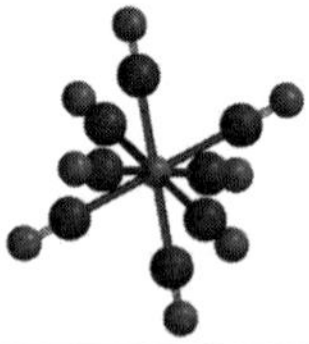	オクタシアノモリブデン酸イオン	$[Mo(CN)_8]^{3-}$
九配位	一冠四方逆角柱 	ノナヒドリドレニウム酸イオン	$[ReH_9]^{2-}$
十配位		ジヒドロキシテトラオキサリックトリウム酸イオン	$[Th(OH_2)_2(C_2O_4)_4]^{4-}$
十一配位	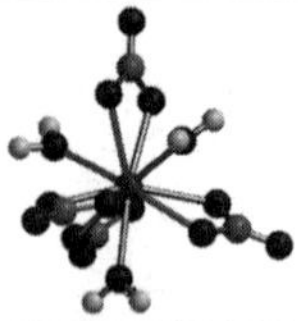	テトラニトラトトリヒドロキシトリウム	$Th(NO_3)_4(OH_2)_3$
十二配位		ヘキサニトラトセリウム (IV) 酸イオン	$[Ce(NO_3)_6]^{2-}$

金属を2つ以上もつ金属錯体を**多核錯体**（multinuclear complex）と呼ぶ。また，複数の金属から構成される錯体や金属の微粒子を**金属クラスター**（metal cluster）と呼ぶ。生物無機化学の章（10章）で説明するが，これらの金属錯体は，触媒としても重要である。

同じ組成である金属錯体でも複数の配位子をもつ場合，異性体が存在する場合がある。金属をM，配位子の1つをA，もう1つをBと表した四配位の錯体（MA_2B_2）の場合，シス（*cis*）型とトランス（*trans*）型となる場合ある。その例（$PtCl_2(NH_3)_2$）を**図6.4**に示す。ここで *cis* 型の *cis*-ジアンミンジクロリド白金（II）（*cis*-diammine dichlorideplatinum（II））は，**シスプラチン**（cisplatin）とも呼ばれ，DNAに結合することで細胞分裂を阻害し，抗がん剤にも用いられる（10章）。一方，*trans* 型は，このような薬理作用を示さない。

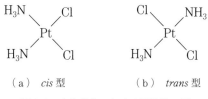

（a） *cis* 型　　　　（b） *trans* 型
図6.4　白金錯体における異性体の例

六配位の錯体で，配位子の1つが4個，もう1つが2個となるMA_4B_2（またはMA_2B_4）と表される場合にも *cis* 型と *trans* 型の異性体が存在する。さらに六配位の錯体では，配位子が2種類3個ずつMA_3B_3と表される錯体の場合，*cis* 型と *trans* 型のほか，**メリディオナル**（meridional）（*mer*）体と**フェイシャル**（facial）（*fac*）体が存在する（**図6.5**）。*mer* 体では，中心原子とそれぞれ3個の配位子の原子が同一平面に存在しているが，*fac* 体では，中心原子と配位子が同じ種類の3個の配位子が同一平面に存在しない。

また，3種類の配位子を2個ずつもつ$MA_2B_2C_2$と表されるタイプの錯体の場合，**図6.6**に示す5通りの異性体が可能であり，その中の1つには例を示すように**鏡像異性体**（mirror image isomer）が存在する。

1つの配位子が複数のローンペアを使い，金属イオンを挟むように結合する

148　6. 遷移元素と錯体化学

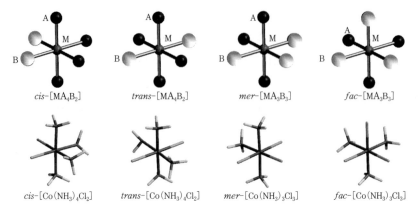

図 6.5　六配位錯体における異性体（上段が一般的な立体構造，下段がコバルト錯体の例）

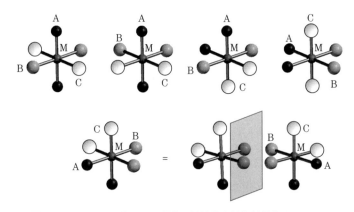

図 6.6　$MA_2B_2C_2$ で表される錯体の異性体と鏡像異性体のパターン

キレート（chelate）型の配位子の場合において，MA_3 と表される錯体であるトリスビピリジンルテニウム（Ⅱ）錯体における鏡像異性体の例を**図 6.7**に示す。

さらに，MA_2B_2CD，MA_3B_2C で表されるようなパターンの場合には，*cis-trans* 異性体と *mer-fac* 異性体を組み合わせたタイプの異性体も形成される場合がある（**図 6.8**）。ここでは，MA_3B_2C のパターンについて説明する。図（a）の *fac* 体は，同一平面上に同じ種類の配位子 3 個と中心原子が並んでいない。図（b）の *mer-trans* 体では，中心原子と配位子 A の 3 個が同一平面に位置

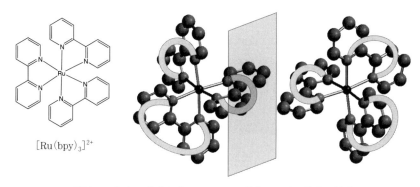

図6.7 トリスビピリジンルテニウム錯体における鏡像異性体

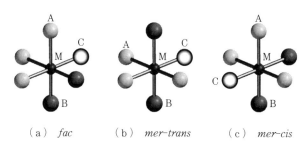

（a） *fac*　　（b） *mer-trans*　　（c） *mer-cis*

図6.8 *cis-trans* 異性体と *mer-fac* 異性体を組み合わせた異性体の例

しているので mer 型であり．配位子Bがたがいに反対側である *trans* の位置にある．図（c）の *mer-cis* 体では，同様に中心原子と配位子Aの3個が同一平面に位置している．そして，配位子Bは，たがいに同じ側の *cis* の位置にある．

6.3　原子価結合理論と錯体の磁性

　磁性をもつ（常磁性）の金属錯体と磁性をもたない（反磁性）の金属錯体が存在する．電子は小さな磁石であるから，金属錯体の磁性にも電子の状態が関わっている．1つの軌道に電子が対になって入る場合には，スピンを打ち消して磁性に関与しないが，不対電子があると磁性を示すことになる．特に遷移金属元素の原子やイオンでは，d軌道やf軌道の不対電子が磁性に関わる．同じ元素の金属錯体でも配位子の結合の仕方によって，磁性を示す場合と示さない

場合がある．その違いの解釈を**原子価結合理論**（valence bond theory）から考察する．原子価結合理論とは，金属錯体などが形成されるとき，元の原子がもつ原子軌道の重ね合わせで結合が形成されると考える理論である．遷移元素の金属錯体で，d軌道だけを考える場合として，**図6.9**にコバルトの錯体（ヘキサアンミンコバルト（III）イオン（hexaamminecobalt（III）ion），[Co(NH$_3$)$_6$]$^{3+}$）の例を記す．

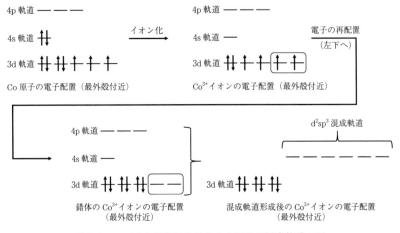

図6.9 コバルト錯体における中心原子の混成軌道の例

錯体を形成するとき，d軌道と最外殻のs軌道やp軌道の空いているところへ配位子からの電子対を受け取り，結合ができると考える．Co^{3+}イオンでは，3d軌道に電子の反発をできるだけ小さくするように6個の電子が配置されている．錯体になるとき，空のd軌道を2個つくり，s軌道1個とp軌道3個からd^{2}sp^{3}混成軌道をつくることができる．[Co(NH$_3$)$_6$]$^{3+}$では，**図6.10**のようにd^{2}sp^{3}混成軌道による6個の空軌道にアンモニアのローンペアが配位結合する．

このように，[Co(NH$_3$)$_6$]$^{3+}$は不対電子をもたない．実際に，[Co(NH$_3$)$_6$]$^{3+}$は磁性をもたない反磁性である．原子価結合理論による考察は実験事実を説明できる．Co^{3+}を中心イオンとする他の六配位錯体では，磁性をもつ常磁性となる場合がある．そのときは，コバルトの3d軌道に不対電子が存在している

6.3 原子価結合理論と錯体の磁性　　151

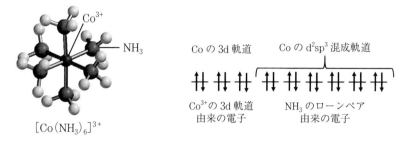

図 6.10　ヘキサアンミンコバルト（Ⅲ）イオンを例にした反磁性の説明

と考えらえる。その場合，図6.9におけるCo^{3+}イオンの電子配置をそのままにして空の4s軌道と4p軌道に加え，4d軌道から2つの軌道を混成することでsp^{3}d^{2}混成軌道（d^{2}sp^{3}ではないことに注意，記述の順番は，3d4s4pではなく，4s4p4dに対応している）を形成し，配位子からの合計12個の電子を受け入れると考えられる（**図 6.11**）。その結果，Co^{3+}イオンの3d軌道に由来する不対電子で，この錯体の常磁性が説明可能である。

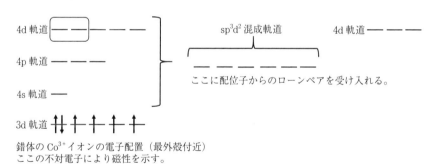

図 6.11　sp^{3}d^{2}混成軌道と反磁性となる場合の例

錯体が不対電子をもつ場合，磁性を示すが，このような電子配置に関する考察と実験結果から不対電子の数を確認できる。ここでは，まず，金属錯体の電子状態を実験による磁性の測定から推定する原理について述べる。金属錯体の磁性の強さに関係する**磁気モーメント**（magnetic moment）（μ_m）の大きさは，単純に不対電子の数によって

$$\mu_\mathrm{m} = \sqrt{n(n+2)} \tag{6.1}$$

152   6. 遷移元素と錯体化学

で定義される。その単位は，**ボーアマグネトン**（Bohr magneton）（記号 BM）
と呼ばれる。d 軌道では，不対電子は 1 ～ 5 個の 5 パターンが可能である。そ
こで $n = 1$ ～ 5 を式（6.1）に代入すると μ_m の値は，$n = 1$ から順に有効数字 3
桁で，1.73，2.83，3.87，4.90，5.92 となる。実験で μ_m を測定することで，
これらの 5 パターンのどの値に最も近いかを調べれば，不対電子の数を推定で
きる。さらに，原子価結合理論で考察したように不対電子の数から，どの軌道
が配位結合に使われているかを知ることができる。

6.4 結晶場理論

6.3 節では，同じ Co^{3+} イオンでも配位子の種類によって，常磁性となる場
合と反磁性となる場合があることを述べた。これは，配位子と中心金属イオン
との相互作用の違いにより，中心金属イオンの電子状態（特に d 軌道の電子
配置）が変わることを示している。その理由について，この節で考えてみた
い。

　中心金属（原子またはイオン）と配位子がつくる場である**結晶場**（crystal
field）（配位子場ではなく，結晶場と呼ぶ）において，中心金属の d 軌道の電
子のもつエネルギーが配位子のローンペアとの静電反発によって上昇する。金
属錯体の構造や金属原子（金属イオン）と配位子との相互作用の強さによって
電子状態が変わることが想像できる。**結晶場理論**（crystal field theory）では，
配位子の電子対をシンプルに点電荷のように扱い，中心原子（イオン）の d
軌道や f 軌道との静電気的な反発を考える。ここでは，中心原子の d 軌道につ
いて考える。また，六配位錯体の正八面体配置を例に説明する。

　1 章で説明したように d 軌道は 5 つの軌道から構成されており，座標を使う
と x，y，z 軸のそれぞれの方向において，電子密度の高さが異なっている。配
位子のローンペアが中心原子と配位結合を形成するために接近すると，接近す
る軸に応じて，d 軌道の電子が受ける静電反発の強さは異なる。d 軌道に入る
電子のエネルギー準位は，この静電反発で上昇する。d 軌道は，2 つの e_g 軌道

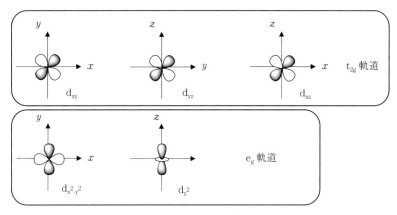

図 6.12 d 軌道における e_g 軌道と t_{2g} 軌道

と 3 つの t_{2g} 軌道に分けられ（**図 6.12**），それぞれ電子密度の高い軸方向が異なるため，配位子の接近による静電反発の度合いも異なり，エネルギー準位の縮退が解かれる（**図 6.13**）。原子が単独の場合に比べ，錯体における d 軌道のエネルギー準位が一律に上昇し，その準位を基準に e_g 軌道と t_{2g} 軌道のエネルギー準位が分裂するとみなすことができる。この分裂を**結晶場分裂**（crystal field splitting）と呼ぶ。このとき，e_g 軌道のエネルギー準位が上昇すれば，t_{2g} 軌道のエネルギー準位が下降する。その逆に e_g 軌道のエネルギー準位が下降すると，t_{2g} 軌道のエネルギー準位は上昇する。エネルギー準位の分裂の大きさは，軌道に入ることができる電子の数に比例し，記号 D を用いて，図のように 6D：4D のように表すことができる。e_g 軌道には電子は計 4 個まで入るこ

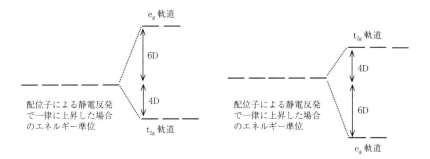

図 6.13 d 軌道における e_g 軌道と t_{2g} 軌道のエネルギー準位の分裂

とができるが，t_{2g} 軌道には電子は計 6 個入ることができるので，電子がすべて入るとエネルギー準位の上昇分は下降分と等しくなる。この分裂で e_g 軌道と t_{2g} 軌道のどちらが上昇するのかは，配位子の接近する方向によって異なる。

図 6.13 に記したエネルギー準位の分裂の大ききは，配位子の種類によって異なる。大きな分裂が起こる場合，結晶場理論では，強い結晶場と呼ばれ，分裂が小さい場合には弱い結晶場と呼ばれる。大きい，小さいというのは，低いエネルギー準位の電子がフントの規則に従うことができる程度の分裂であるかどうかということである。分裂によるエネルギー差が大きいと，電子はそのエネルギー差を乗り越えることができないが，小さいとエネルギー準位の高い軌道にもフントの規則に従い，電子がばらばらになるように配置される。例えば，図 6.13 の左の状態で d 軌道に電子が 4 個以上ある場合，分裂が小さければ，フントの規則が優先され，エネルギー準位が高い方の軌道にも電子が入るはずである。一方，分裂が大きければ，電子対の反発によるエネルギー上昇よりも，高い軌道に電子が遷移するために必要なエネルギーのほうが大きくなり，エネルギー準位が低い軌道にも電子が対になって入ることとなる（**図 6.14**）。弱い結晶場の場合は，電子スピンの合計が大きくなり，高スピンの状態となる。一方，強い結晶場では，スピンが打ち消される場合が多く，低スピンとなる。したがって，磁性を測定すれば，化合物のスピンの状態がわかり，結晶場の強さを知ることができる。

結晶場の強さを決める配位子の要因は複雑であるが，経験的には，**表 6.3** のような順番になる。また，この順番は，後述する金属錯体が吸収する光の波長と関係し，**分光化学系列**（spectrochemical series）と呼ばれる。

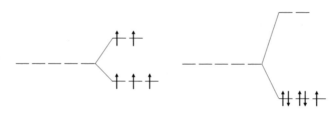

図 6.14　弱い結晶場（左）と強い結晶場（右）

6.6 金属錯体の電子状態と分光学 155

表6.3 配位子と結晶場分裂の大きさ（分光化学系列）

弱いほう	強いほう
$I^-<Br^-<S^{2-}<SCN^-<Cl^-<NO_3^-<F^-<OH^-<(COO^-)_2<H_2O$ $<NCS^-<CH_3CN<NH_3<$エチレンジアミン$<$ビピリジン$<$フェナントレン$<NO_2^-<$トリフェニルホスフィン$<CN^-<CO$	

　また，金属錯体は，構造をわずかに歪ませることによって全体のエネルギーを低下させ，安定化することがある。そのとき，図6.13に記したようなエネルギー準位の分裂に加えて，e_g軌道内とt_{2g}軌道内のエネルギー準位が分裂する。このような現象を**ヤーン・テラー効果**（Jahn-Teller effect）と呼ぶ。

6.5 配位子場理論

　配位子の電子（ローンペア）と金属イオンのd軌道に存在する電子が反発することでエネルギー準位が上昇し，エネルギー準位の分裂が起こるが，結晶場理論よりも詳しく説明する理論が**配位子場理論**（ligand field theory）である。結晶場理論では，シンプルに配位子のローンペアとの相互作用を点電荷との静電反発として扱っていた。配位子場理論では，分子軌道法を用いることで中心原子（イオン）の原子軌道と配位子の分子軌道における電子雲の重なりとして扱うことで，より正確に実験結果を説明することができる。本書では，詳細な説明は省略し，考え方のみの記述にとどめる。

6.6 金属錯体の電子状態と分光学

　金属錯体は，色素として用いられる物質が多い。太陽電池の光増感剤にも使われている。光合成の光捕集を行う物質も金属錯体である。光（可視光線〜紫外線）の吸収は，一般に電子の遷移によって起こる。金属錯体を構成している金属原子（イオン）のd軌道（またはf軌道）の電子遷移や金属原子（イオン）から配位子（またはその逆）への電子遷移によって光吸収が起こる。ここで

156   6. 遷移元素と錯体化学

は，金属の色と電子状態との関係について述べる。

6.6.1 金属錯体の色

物質の色は，吸収される光（電磁波）の波長（λ）で決まる。光の波長は，プランク定数（h），光速（c），光子のエネルギー（E）と次の関係がある。

$$E = h\frac{c}{\lambda} \tag{6.2}$$

光子が電子に吸収され，軌道間で電子が遷移するため，軌道間のエネルギー差（ΔE）は，吸収される光子のエネルギーと一致する必要がある。したがって，金属錯体に吸収される光の波長は，ΔE の大きさに反比例して次式で表される。

$$\lambda = \frac{hc}{\Delta E} \tag{6.3}$$

光の波長と光子のエネルギーは反比例するため，吸収されるエネルギーが大きいほど，波長は短くなり，その光の色は青に近づく。吸収されるエネルギーが小さいと波長は長く，光の色は赤に近づく。一方，物質の色は，吸収されなかった光（補色）であるため，ΔE が大きいほど，観測される色は，赤に近づく。その逆に ΔE が小さいほど，物質の色は青に近づく。光の色と補色，波長の関係を表6.4に記す。

表6.4 光の色と補色，波長の関係

波長 nm	380-435	435-480	480-490	490-500	500-560	560-580	580-595	595-650	650-780
色	紫	青	緑青	青緑	緑	黄緑	黄	橙	赤
補色	黄緑	黄	橙	赤	紫	紫	青	緑青	青緑

6.6.2 分光化学系列

配位子と金属イオンとの相互作用で軌道間のエネルギーギャップが変わるため，配位子の種類と金属錯体の色には関係がある。配位子と金属錯体の色の関係を分光化学系列という。これは，結晶場理論について述べた表6.3に記して

いる。相互作用が強く，エネルギー準位の分裂が大きいほど，d 軌道では e_g 軌道と t_{2g} 軌道間のエネルギーギャップが大きくなり，電子遷移のために必要なエネルギーは大きくなることで，より短い波長の光が吸収される。

6.7 金属錯体の安定性と反応

　金属錯体は，おもに金属イオンと配位子との相互作用で形成される。金属イオンと配位子が溶液中で衝突し，配位結合を形成する過程を想像してほしい。その逆に，金属錯体が金属イオンと配位子に分解することもある。これを化学平衡で表すことができる。その**平衡定数**（equilibrium constant）の大きさが金属錯体の安定性を示す指標となる。この平衡定数を金属錯体の**生成定数**（generation constant）と呼ぶ。金属錯体生成における化学反応式の一般的な例とそのときの生成定数の表し方を記す。金属イオンを M，配位子を L で表すと，錯体 ML の生成反応と生成定数（平衡定数）（K_1）は，金属イオンと配位子が 1：1 で錯形成する条件では，次式で表される。

$$\text{M} + \text{L} \rightarrow \text{ML}, \qquad K_1 = \frac{[\text{ML}]}{[\text{M}][\text{L}]} \tag{6.4}$$

　さらに，1 つの金属イオンに複数の配位子が多段階で結合する場合を考え，その化学反応式と生成定数の一般式を記す。式（6.4）に続き，さらに配位子 L が結合すると考え，2 つ目の L が結合する反応式と生成定数は，次式で表せる。

$$\text{ML} + \text{L} \rightarrow \text{ML}_2, \qquad K_2 = \frac{[\text{ML}_2]}{[\text{ML}][\text{L}]} \tag{6.5}$$

続いて，最終的に n 個の L が結合するとして，その最後の反応式と錯体の生成定数は，次のようになる。

$$\text{ML}_{n-1} + \text{L} \rightarrow \text{ML}_n, \qquad K_n = \frac{[\text{ML}_n]}{[\text{M}_{n-1}][\text{L}]} \tag{6.6}$$

これらの式をまとめる。式（6.4）から式（6.6）まで，途中の式を含めてすべての式を足すと，最終的に反応式は，次のようになる。

158   6. 遷移元素と錯体化学

$$M + nL \rightarrow ML_n \tag{6.7}$$

反応式は，すべてを足すことで1つにまとめられたが，生成定数は，すべてを
かけ合わせることで次のようになる。

$$\beta_n = \frac{[ML_n]}{[M][L]^n} = K_1 K_2 \cdots K_n \tag{6.8}$$

この β_n を**全生成定数**（overall formation constant）と呼ぶ。これら K_1 や β_n の大
きさから，錯体の安定性を数値で評価することができる。

6.8 遷移金属元素の各論

　遷移元素は，周期表の第3族から第11族までの元素で，天然に存在するも
のは，常温常圧においてすべて固体の金属である。なお，常温常圧で液体であ
る**水銀**（mercury）は，典型元素である。dブロック元素として遷移元素と広
い意味で同じグループに扱われる第12族元素（亜鉛，カドミウム，水銀）は，
典型元素である。自然界に存在する遷移元素は，アクチノイドに分類される原
子番号94のプルトニウムまでである。原子番号43の**テクネチウム**
（technetium）は，安定同位体が存在せず，天然にはウラン238の**核分裂**
（nuclear fission）に由来するものなど，ごくわずかしか存在しない。

　ここでは，おもな遷移金属元素の性質などを簡単にまとめる。すべての遷移
元素は扱わないが，性質が似ている元素のグループなどについて，それらの概
略を記す。遷移元素の原子の最外殻電子は，周期表の周期と同じ数字のs軌道
であり，原子番号の増加に伴い，d軌道やf軌道の電子数が増加する。最外殻
電子配置が同じ場合，同じ周期の遷移元素の性質は似ている場合が多い。ま
た，元素の性質の違いは，内殻にあるd軌道やf軌道の電子配置の違いに影響
される場合が多い。ここでは，周期表の縦の関係（同周期）でまとめたほうが
説明しやすい元素のグループと横の関係（同族）でまとめたほうが都合がよい
元素のグループがあり，元素の分類を統一していない。

6.8 遷移金属元素の各論 159

6.8.1 スカンジウム・イットリウム

スカンジウム（scandium, 原子番号：21）と**イットリウム**（yttrium, 原子番号：39）は，いずれも固体の状態で銀白色の金属である。天然には，いずれも**希土類鉱床**（rare earth deposit）に含まれる。

スカンジウムは用途が限られており，製造量は少ない。スカンジウムとイットリウムの原子の最外殻電子は，いずれも s 軌道に 2 個である。スカンジウムは，生物において**必須元素**（essential elements）には含まれておらず，毒性も知られていない。

イットリウムは，光源などとしての用途があり，製造量も比較的多い。イットリウムアルミニウムガーネット（$Y_3Al_5O_{12}$）は，波長 1064 nm のレーザーの部品として用いられる。このレーザーは，YAG レーザー（ヤグレーザー）として，光化学などの分野で活用されている。また，イットリウムを含む化合物は，**高温超伝導体**（high-temperature superconductor）となることが知られている。イットリウムも今のところ必須元素には含まれていない。イットリウムのイオンは毒性であると考えられている。**表6.5**にスカンジウムとイットリウムのおもな性質をまとめる。比較のため，同族のランタンの性質も記している。最外殻の電子配置は，いずれも ns^2（$n = 4 \sim 6$）であり，第一イオン化エネルギーは，原子番号の増加に伴い小さくなっている。結晶構造はいずれも同じであり，密度は，原子番号（原子量）の増大に伴い高くなる。

表6.5 スカンジウムとイットリウムのおもな性質

物　性	スカンジウム	イットリウム	ランタン
電子配置	$[Ar]3d^1 4s^2$	$[Kr]4d^1 5s^2$	$[Xe]5d^1 6s^2$
原子半径　pm	162	180	187
第一イオン化エネルギー　$kJ\,mol^{-1}$	633	600	538
結晶構造	六方最密充填	六方最密充填	六方最密充填
密度　$g\,cm^{-3}$	2.985	4.472	6.162
融点　℃	1541	1526	920
沸点　℃	2836	3336	3464

160　　6. 遷移元素と錯体化学

6.8.2 チタン・ジルコニウム・ハフニウム

　これらの原子の最外殻電子は，いずれも s 軌道に 2 個である。**チタン** (titanium, 原子番号：22) の単体は銀白色の金属である。天然には，酸化物 (**ルチル** (rutile) 型酸化チタン) などとして，地殻中に比較的多く (鉄の次に多く) 存在している。これらの単体は比較的軽く，強度が高く，腐食にも強い。したがって，材料として重要な元素であるが，精製には多くのエネルギーとコストがかかる。

　チタンは，生物における必須元素とは考えられていないが，毒性が知られていないため，人工関節などの医療材料として用いられている。**酸化チタン** (TiO_2) (titanium dioxide) は，白色の結晶で半導体であり，光触媒として有名である。おもに，ルチル型と**アナターゼ** (anatase) 型の結晶型が存在しており，ルチル型のほうが安定である。ルチル型は，わずかに可視光を吸収するため，うすい黄色を帯びるが，アナターゼ型は，ルチル型よりもバンドギャップが大きく，可視光を吸収しにくいため，白色である。光触媒として，水の光分解や汚れの光分解，光殺菌の作用が知られており，酸化チタン自身には毒性がないと考えられるため，広く実用化されている。また，安全な白色の粉末であることから，化粧品，日焼け止め (紫外線散乱剤)，食品添加物としても用いられている。

　ジルコニウム (zirconium, 原子番号：40) の単体は，銀白色の金属である。天然には，ケイ酸塩の**ジルコン** ($ZrSiO_4$, zircon) の中に含まれる。金属のジルコニウムは，中性子の透過率が高く (中性子を吸収しにくい)，鉄よりも融点が高いことなどから**原子炉** (atomic reactor) (軽水炉) における**燃料棒** (fuel rod) の**被覆管** (cladding tube) に用いられている (9 章参照)。**ハフニウム** (hafnium, 原子番号：72) の単体は，灰色の金属である。自然界のハフニウムは，ジルコンの中にジルコニウムとともに微量が産出される。ハフニウムはジルコニウムと異なり，中性子を吸収しやすいため，原子力発電において，**制御材** (control material) として用いられる。ジルコニウムもハフニウムも生物における必須元素には入っていない。**表6.6**にこれら3元素のおもな性質を記す。

6.8 遷移金属元素の各論 161

表6.6 チタン, ジルコニウム, ハフニウムのおもな性質

物　性	チタン	ジルコニウム	ハフニウム
電子配置	$[Ar]3d^2 4s^2$	$[Kr]4d^2 5s^2$	$[Xe]4f^{14} 5d^2 6s^2$
原子半径　pm	147	160	159
第一イオン化エネルギー　$kJ\,mol^{-1}$	659	640	659
結晶構造	六方最密充填	六方最密充填	六方最密充填
密度　$g\,cm^{-3}$	4.506	6.52	13.31
融点　℃	1668	1855	2223
沸点　℃	3287	4409	4603

　原子半径は, 原子量が大きいハフニウムのほうがジルコニウムよりもむしろ小さい。これは, 2章で述べたランタノイド収縮のためである。イオン化エネルギーは, 原子番号順に単純に小さくならず, ジルコニウムよりもハフニウムのほうが大きく, 密度もジルコニウムに比べ, ハフニウムのほうが高い。これらは, 第6周期に属するハフニウムでは, 周期表において, 直前にランタノイドが存在するためである。チタンとジルコニウムの各原子番号は, 左隣の族の元素よりも1つ増加するだけである。一方, ハフニウムでは, 原子番号は左隣の元素よりも15増加する。そのとき, 4f軌道に電子14個が入り, 原子核の陽子数が隣の族の元素（ランタン）に比べ15個増加することになる。その結果, 原子核から最外殻電子に働く引力は, ハフニウムのほうがむしろジルコニウムよりも強くなり, イオン化エネルギーの大小の逆転が説明される。周期表の隣の元素と比べた原子量の増大もチタン, ジルコニウムに比べてかなり大きいことになる。

6.8.3　バナジウム・ニオブ・タンタル

　バナジウム（vanadium, 原子番号：23）, **ニオブ**（niobium, 原子番号：41）, **タンタル**（tantalum, 原子番号：73）の単体は, いずれも銀白色の結晶で体心立方格子を形成する。**表6.7**にこれら3元素のおもな性質を記す。

　原子の最外殻電子は, バナジウムとタンタルは, s軌道に2個であるが, ニ

162　　6. 遷移元素と錯体化学

表6.7 バナジウム，ニオブ，タンタルのおもな性質

物　性	バナジウム	ニオブ	タンタル
電子配置	$[Ar]3d^3 4s^2$	$[Kr]4d^4 5s^1$	$[Xe]4f^{14} 5d^3 6s^2$
原子半径　pm	134	146	146
第一イオン化エネルギー　$kJ\,mol^{-1}$	651	652	761
結晶構造	体心立方格子	体心立方格子	体心立方格子
密度　$g\,cm^{-3}$	6.0	8.57	16.6
融点　℃	1900	2468	2985
沸点　℃	3407	4742	5510

オブは，内殻の 4d 軌道に電子が 1 個取られ，最外殻の 5s 軌道の電子は 1 個である。いずれも比較的融点，沸点が高い金属である。五酸化バナジウム（V_2O_5）は触媒として用いられている。ニオブは単体で超伝導状態（超電導転移温度：9.25 K）となる。いずれの元素もイオン（カチオン）の状態でカルボニル（CO）やハロゲン化物イオンと錯体を形成する。

6.8.4　クロム・モリブデン・タングステン

クロム（chromium，原子番号：24）と**モリブデン**（molybdenum，原子番号：42）の単体は，銀白色の結晶である。**タングステン**（tungsten，原子番号：74）の単体は，銀灰色の結晶である。最外殻電子は，クロムとモリブデンでは，内殻の d 軌道に電子を 1 個取られるため，s 軌道に 1 個である。タング

表6.8 クロム，モリブデン，タングステンのおもな性質

物　性	クロム	モリブデン	タングステン
電子配置	$[Ar]3d^5 4s^1$	$[Kr]4d^5 5s^1$	$[Xe]4f^{14} 5d^4 6s^2$
原子半径　pm	128	139	139
第一イオン化エネルギー　$kJ\,mol^{-1}$	653	684	770
結晶構造	体心立方格子	体心立方格子	体心立方格子
密度　$g\,cm^{-3}$	7.19	10.28	19.25
融点　℃	1907	2623	3422
沸点　℃	2671	4639	4639

6.8 遷移金属元素の各論 163

ステンは，最外殻の 6s 軌道に電子を 2 個もつ。いずれも体心立方格子の結晶
で，比較的硬い金属である。タングステンは，高融点，高沸点で，機械的な強
度が高いことがよく知られており，フィラメントしても用いられる。**表 6.8** に
これら 3 元素のおもな性質を記す。

6.8.5 マンガン・テクネチウム・レニウム

マンガン（manganese，原子番号：25）とテクネチウム（technetium，原子
番号：43）の単体は，いずれも銀白色の結晶である。**レニウム**（rhenium，原
子番号：75）の単体は，銀灰色の結晶である。原子の最外殻電子は，いずれも
s 軌道に 2 個である。マンガンは，生体において，触媒として利用されてい
る。例えば，活性酸素の除去や光合成における水分子の酸化分解に関わってい
る。テクネチウムには安定同位体が存在せず，すべて放射性である。レニウム
の単体は，高融点の金属であることから，フィラメントや熱電対として使われ
る。**表 6.9** にこれら 3 元素のおもな性質を記す。

表 6.9 マンガン，テクネチウム，レニウムのおもな性質

物 性	マンガン	テクネチウム	レニウム
電子配置	$[Ar]3d^5 4s^2$	$[Kr]4d^5 5s^2$	$[Xe]4f^{14} 5d^5 6s^2$
原子半径 pm	127	136	137
第一イオン化エネルギー $kJ\,mol^{-1}$	717	702	760
結晶構造	体心立方格子	六方最密充填	体心立方格子
密度 $g\,cm^{-3}$	7.21	11	21.02
融点 ℃	1246	2157	3186
沸点 ℃	2061	4265	5597

6.8.6 鉄・コバルト・ニッケル

鉄（iron，原子番号：26），**コバルト**（cobalt 原子番号：27），**ニッケル**
（nickel，原子番号：28）の単体は，いずれも銀白色の結晶である。これらは，
周期表では同じ第 4 周期で横並びの元素であり，いずれも常磁性である。原子

の最外殻電子は，いずれも s 軌道に 2 個である。

鉄は，その硬さと安定性により，古くからさまざまな材料として用いられてきた。現代においても重要な資源である。また，生命にも重要であり，ヒトには主要な必須元素である（10 章）。コバルトは，おもに-1 から +4 までの酸化数をとることができ，さまざまな錯体を形成する。コバルトイオンはビタミンB12 における中心金属イオンであるなど，コバルトは必須元素（**微量必須元素**（trace essential elements））の 1 つである。ニッケルは白金やパラジウムと同族（第 10 族元素）である。白金やパラジウムは触媒として重要な元素であるが，ニッケルも錯体などの状態で触媒として重要である。また，ニッケルは微量必須元素の 1 つである。**表6.10** にこれらの元素の性質を記す。

表6.10 鉄，コバルト，ニッケルのおもな性質

物　性	鉄	コバルト	ニッケル
電子配置	$[Ar]3d^64s^2$	$[Ar]3d^74s^2$	$[Ar]3d^84s^2$
原子半径　pm	126	125	124
第一イオン化エネルギー $kJ\,mol^{-1}$	762	760	737
結晶構造	体心立方格子	六方最密充填	立方最密充填
密度　$g\,cm^{-3}$	7.87	8.90	8.91
融点　℃	1538	1495	1455
沸点　℃	2862	2927	2913

6.8.7　白金族元素

白金（platinum，原子番号：78）のほか，**ルテニウム**（ruthenium，原子番号：44），**ロジウム**（rhodium，原子番号：45），**パラジウム**（palladium，原子番号：46），**オスミウム**（osmium，原子番号：76），**イリジウム**（iridium，原子番号：77）をまとめて**白金族元素**（platinum group elements）と呼ぶ。オスミウムの単体は青みを帯びた銀白色の固体であり，その他の単体は銀白色の固体である。最外殻電子配置は，白金，ルテニウム，ロジウムでは，s 軌道に 1 個である。パラジウムは，5s 軌道に電子はなく，内殻の 4d 軌道の電子数が 10

個となる。したがって，最外殻電子配置は，$4s^24p^64d^{10}$ とみなされる。オスミウムとイリジウムは，s 軌道に 2 個の電子をもつ。いずれも金属錯体や触媒として重要である。これらの金属単体は，化学的に比較的安定である。特に白金の単体は安定であり，装飾品などとしても重要である。さらに，電極材料として用いられる。白金の微粉末やナノ粒子は，さまざまな触媒として用いられ，高い活性を示すことが知られている。**表 6.11** にこれらの元素の性質を記す。

表 6.11 白金族元素のおもな性質

物　性	ルテニウム	ロジウム	パラジウム	オスミウム	イリジウム	白金
電子配置	[Kr]$4d^75s^1$	[Kr]$4d^85s^1$	[Kr]$4d^{10}$	[Xe]$4f^{14}5d^66s^2$	[Xe]$4f^{14}5d^76s^2$	[Xe]$4f^{14}5d^96s^1$
原子半径 pm	134	134	137	135	136	139
第一イオン化エネルギー $kJ\,mol^{-1}$	710	720	804	840	880	870
結晶構造	六方最密充填	立方最密充填	立方最密充填	六方最密充填	立方最密充填	立方最密充填
密度 $g\,cm^{-3}$	12.45	12.41	12.02	22.59	22.56	21.45
融点 ℃	2334	1964	1555	3033	2466	1768
沸点 ℃	4150	3695	2963	5012	4428	3825

6.8.8　銅・銀・金

銅（copper，原子番号：29）の単体は橙赤色の結晶であり，**銀**（silver，原子番号：47）の単体は銀白色の結晶である。また，**金**（gold，原子番号：79）の単体が黄金色であることは有名である。銅や金の特徴的な色は，**表面プラズモン吸収**（surface plasmon absorption）と呼ばれる金属表面の特徴的な電子の光吸収による。銀もナノ粒子やナノメートルサイズの薄膜などの状態になると表面プラズモン吸収により，可視光を吸収することでサイズに依存した特徴的な色を示す。金は特徴的な色と化学的な安定性のため，貴金属としても有名である。

166   6. 遷移元素と錯体化学

最外殻電子配置は，銅，銀と金いずれも s 軌道に 1 個である。いずれの単体も電気伝導度が高い。特に，銀は金属単体として，室温における電気伝導率が最も高い。これに伴い，銀の熱伝導率は，室温において金属単体の中で最も高い。また，いずれの元素も金属単体の展性，延性に富むことが知られており，金泊は装飾品としても用いられる。銅は生命にも重要であり，ヒトでは，微量必須元素である。

銅は，**希硝酸**（dilute nitric acid），**濃硝酸**（concentrated nitric acid）のいずれにも溶ける。しかし，化学反応式は，次に示すように希硝酸と濃硝酸の場合で異なる。

希硝酸の場合

$$3Cu + 8HNO_3 \rightarrow 2NO + 3Cu(NO_3)_2 + 4H_2O \tag{6.9}$$

濃硝酸の場合

$$Cu + 4HNO_3 \rightarrow 2NO_2 + Cu(NO_3)_2 + 2H_2O \tag{6.10}$$

希硝酸と濃硝酸の違いは，濃硝酸のほうが強い酸化力をもつことである。また，銀は，濃硝酸に次のように溶解する。

$$Ag + 2HNO_3 \rightarrow AgNO_3 + NO_2 + H_2O \tag{6.11}$$

金は，希硝酸や濃硝酸を含め，一般に酸には溶解しないが，濃塩酸と濃硝酸を物質量の比 3：1 で混合した**王水**には溶解する。金が濃硝酸により Au^{3+} の状態に酸化され，濃塩酸の塩化物イオンと錯体を形成し，$[AuCl_4]^-$（テトラク

表6.12 銅，銀，金のおもな性質

物　性	銅	銀	金
電子配置	$[Ar]3d^{10}4s^1$	$[Kr]4d^{10}5s^1$	$[Xe]4f^{14}5d^{10}6s^1$
原子半径　pm	128	136	144
第一イオン化エネルギー kJ mol^{-1}	746	731	890
結晶構造	立方最密充填	立方最密充填	立方最密充填
密度　g cm^{-3}	8.94	10.49	19.32
融点　℃	1085	962	1064
沸点　℃	2562	2162	2856

6.8 遷移金属元素の各論　　167

ロリド金（III）酸イオン（tetrachloride gold（III）ion））の形で溶ける。銅，銀，金のおもな性質について**表 6.12** にまとめる。

6.8.9 ランタノイド

ランタノイド（lanthanoid）とは，**ランタン**（lanthanum，原子番号：57）とそれに似た仲間という意味で，原子番号 57 のランタンから 71 の**ルテチウム**（lutetium）までの連続した 15 種類の元素を指す。いずれも単体は，銀白色の金属である。単体の電子配置は，ランタンでは，f 軌道に電子をもたず，5d 軌道に電子が 1 個存在する。

　ランタノイドは，原子番号の増加に伴い，原子半径やイオン半径が目立って小さくなる現象が知られており，ランタノイド収縮と呼ばれる（2 章参照）。ランタノイド元素では，いずれも最外殻電子は 6s 軌道であり，原子番号の増加に伴い 4f 軌道の電子が増加する。f 軌道の遮蔽効果が他の軌道と比べて小さいため，原子核の陽子数増加に伴う正電荷の増大による引力の効果が目立って強くなり，最外殻電子が強く引き付けられる。これに伴い，ランタノイドに続く元素の原子半径やイオン半径は，同族の 1 つ前の周期の元素とほとんど同じである場合やむしろ小さくなる場合がある。ランタノイドのおもな性質について，**表 6.13** にまとめる。

　ランタノイド元素の**ネオジム**（neodymium，原子番号：60）などは，強力な磁性材料として有名である。これは，縮退した f 軌道に同じスピン量子数をもつ電子が複数存在する状態となるからである。また，ランタノイドは，着色剤や発光材料，レーザーの材料への添加物などとして用いられる場合が多いが，化合物やイオンの状態で，f 軌道の電子遷移を可視光に相当するエネルギーの吸収（または放射）で引き起こすことができるためである。なお，ランタノイドと同族のアクチノイドは，核化学について記した 9 章で扱う。

168　6．遷移元素と錯体化学

表6.13 ランタノイドとその特徴

名　称	原子番号	元素記号	電子配置	イオン半径*	特徴など（化合物を含む）
ランタン	57	La	$[\mathrm{Xe}]5d^1\,6s^2$	117.2	シンチレータ
セリウム	58	Ce	$[\mathrm{Xe}]4f^1\,5d^1\,6s^2$	115	触媒，着色剤
プラセオジム	59	Pr	$[\mathrm{Xe}]4f^3\,6s^2$	113	着色剤，磁性材料
ネオジム	60	Nd	$[\mathrm{Xe}]4f^4\,6s^2$	112.3	磁性材料
プロメチウム	61	Pm	$[\mathrm{Xe}]4f^5\,6s^2$	111	安定同位体が存在しない（放射性）
サマリウム	62	Sm	$[\mathrm{Xe}]4f^6\,6s^2$	109.8	放射年代測定に利用
ユウロピウム	63	Eu	$[\mathrm{Xe}]4f^7\,6s^2$	108.7	発光材料
ガドリニウム	64	Gd	$[\mathrm{Xe}]4f^7\,5d^1\,6s^2$	107.8	原子炉の制御材，MRIの造影剤
テルビウム	65	Tb	$[\mathrm{Xe}]4f^9\,6s^2$	106.3	発光材料
ジスプロシウム	66	Dy	$[\mathrm{Xe}]4f^{10}\,6s^2$	105.2	原子炉の制御材，磁歪材料
ホルミウム	67	Ho	$[\mathrm{Xe}]4f^{11}\,6s^2$	104.1	ランタノイド最大の磁気モーメント，空気中で酸化
エルビウム	68	Er	$[\mathrm{Xe}]4f^{12}\,6s^2$	103.0	光ファイバー，レーザーの材料に添加
ツリウム	69	Tm	$[\mathrm{Xe}]4f^{13}\,6s^2$	102.0	X線装置
イッテルビウム	70	Yb	$[\mathrm{Xe}]4f^{14}\,6s^2$	100.8	着色剤，レーザーの材料に添加
ルテチウム	71	Lu	$[\mathrm{Xe}]4f^{14}\,5d^1\,6s^2$	100.1	^{177}Luによる放射線治療

＊：いずれも＋3の陽イオン，単位はpm

ま　と　め

・遷移元素の定義

・配位化合物とはなにか

・金属錯体の構造と異性体にはどのようなパターンがあるか

・金属錯体における金属原子（イオン）の電子配置

・金属錯体の磁性

・金属錯体の色を決める因子はなにか

章　末　問　題　　*169*

・配位子場理論と結晶場理論

・代表的な遷移元素の性質

章　末　問　題

1. 金属錯体 K_2PtCl_6 を命名せよ。

2. ジアンミン銀イオンが直線型構造である理由にはどのようなことが考えられるか？

3. 白金錯体の1つ，シスプラチンにはどのような異性体が存在するか？

4. d軌道の電子数が5のとき，縮退の状態を場合分けして，磁性をボーアマグネトンの単位で計算せよ。

5. 遷移元素の性質が同周期で族が異なっても似ていることがあるのはなぜか？簡潔に説明せよ。

6. 配位子場分裂が大きいほど，錯体の色はどのようになると予測されるか？

7. 金属錯体において，金属原子（イオン）の e_g 軌道内と t_{2g} 軌道内の電子のエネルギー準位が分裂する場合があるが，その原因として考えられることを簡潔に説明せよ。

8. ある金属イオンに4つの配位子が段階的に配位結合することを考える。各段階の結合定数を K_1，K_2，K_3，K_4 と表すと，全生成定数は，これらの記号を用いて，どのように表されるか？

9. 一般に同族の元素では，周期番号が大きいほど，原子半径が大きくなる。しかし，同族で第6周期のハフニウムのほうが第5周期のジルコニウムよりも原子半径が小さいのはなぜか？

10. タングステンの融点はきわめて高い。この特徴を利用して，どのような応用が考えられるか？

11. 鉄，コバルト，ニッケルが強い磁性を示す理由を説明せよ。

12. 白金族元素の用途にはどのようなものがあげられるか？

13. 単体の金が王水に溶解するメカニズムを説明せよ。

14. 単体の金や銅が特徴的な色を示す原因となる電子の挙動は何と呼ばれるか？

15. ランタノイド元素が磁性材料や発光材料に用いられるのは，どのような特徴に基づいているのか簡潔に説明せよ。

16. ランタノイドとアクチノイドの類似点には，どのようなことが考えられるか？

7. 固体化学

7.1 固体化学とは：結晶について

　無機物質の固体は，素材として重要なだけでなく，電池や半導体をはじめとしたあらゆる応用の分野でも重要な材料である。本書では，3章などにおいて固体に関する説明をある程度行っている。この章では，もう少し詳しい扱いをする。

　粒子（原子やイオン，分子）が規則正しく配列した状態を結晶という。この章では，一般的な結晶構造の取り扱い，結晶の分析，固体における電気伝導や熱伝導などについて簡単に述べる。固体材料の合成法や相変化などの物理化学的な詳細については。無機材料化学や物理化学の専門書をそれぞれ参照してほしい。

7.2 無機化合物の結晶構造

　無機化合物の結晶構造の基礎については3章で述べた。複数の原子やイオンから構成される固体化合物では，岩塩型構造や塩化セシウム型構造の他にさまざまなタイプの結晶が存在している。ここでは，結晶構造について，数学的な側面を含み一般的な取り扱いの基礎について，もう少し広く説明する。結晶における原子やイオンなどの粒子の空間配置にはパターンがあり，エックス線を用いた分析においても重要な情報となる。また，代表的な結晶構造について，例を示す。

7.2.1 イオンの最密充填と配位多面体

イオン結晶は，正の電荷をもつ陽イオンと負の電荷をもつ陰イオンが規則正しく配列して形成される結晶である。一般に，陽イオンよりも陰イオンのほうが大きい。そこで陰イオンが最密充填構造をとるように配列し，その隙間に陽イオンが配置されていると考えることができる。粒子の隙間の空間を表す例として T_d 孔と O_h 孔については 3 章に記した。このとき，陰イオンの並び方だけを考えて，陰イオンの中心を結んで形成される多面体を**配位多面体**（coordination polyhedra）と呼ぶ。また，陰イオンの位置だけを表し，陽イオンを省略して結晶構造を表す表記法もある。

7.2.2 晶系と単位格子，ブラベ格子

金属などの原子やイオンの粒子が規則正しく配列することで結晶が作られる。原子やイオンなどの粒子の配列が**結晶格子**（crystal lattice）であり，粒子の並び方の最小単位である結晶の最小単位を**単位格子**（unit lattice）と呼ぶ。結晶格子を形成する粒子の配列の仕方を数学的に予測することができ，結晶のパターンが**晶系**（crystal system）である。フランスの物理学者**ブラベ**（Bravais）によって 19 世紀に提案された 14 種類に分類される結晶格子を**ブラベ格子**（Bravais lattice）または**空間格子**（space lattice）と呼ぶ。ブラベ格子を**表 7.1**に示す。最小単位が立方体，すなわち 6 面すべて同一の正方形となる構造が 3 種類あり，それぞれ**単純立方格子**（simple cubic lattice），体心立方格子，面心立方格子と呼ばれる。これらは，**立方晶系**（cubic crystal system）とまとめられる。

向かい合う 2 面が正方形で，残りの 4 面が長方形となるパターンが 2 通りあり，**単純正方格子**（simple square lattice）と**体心正方格子**（body-centered square lattice）である。これらは，**正方晶系**（square crystal system）とまとめられる。また，6 面すべてが長方形となるパターンは 4 通りあり，それぞれ**単純直方格子**（simple orthorhombic lattice），**底心直方格子**（base-centered orthorhombic lattice），**体心直方格子**（body-centered orthorhombic lattice），

172   7. 固 体 化 学

表7.1 ブラベ格子

立方晶系	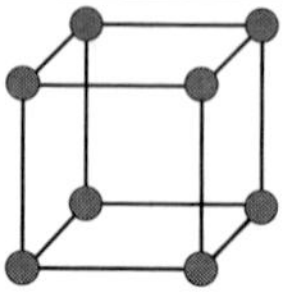 単純立方格子 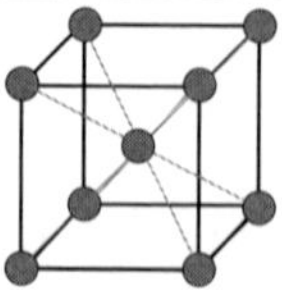　　　体心立方格子 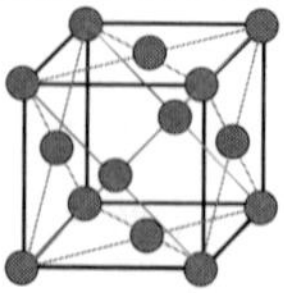　　　面心立方格子
正方晶系	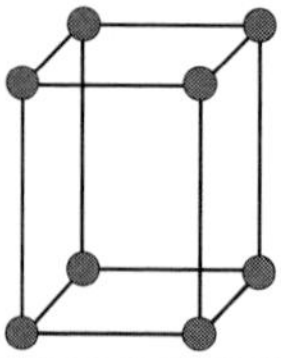 単純正方格子 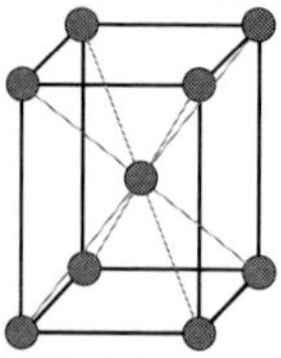　　　　　　　　体心正方格子
直方晶系	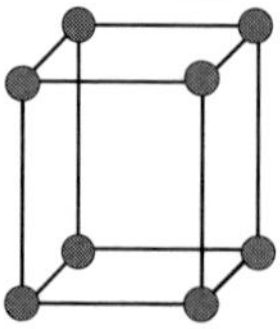 単純直方格子 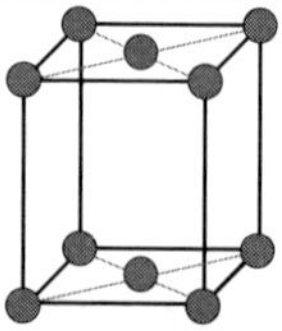　　底心直方格子 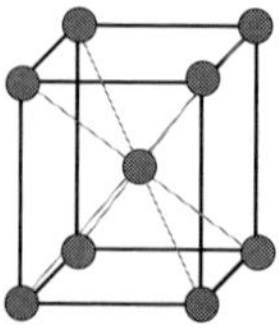　　体心直方格子 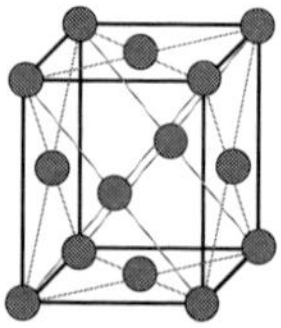　　面心直方格子
単斜晶系	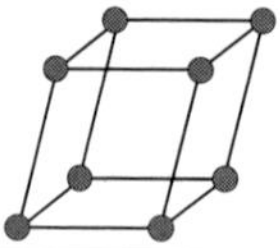 単純単斜格子 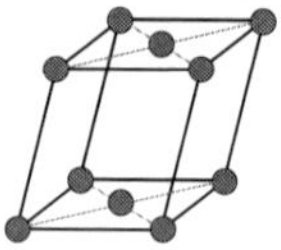　　　　　　　底心単斜格子
三斜晶系	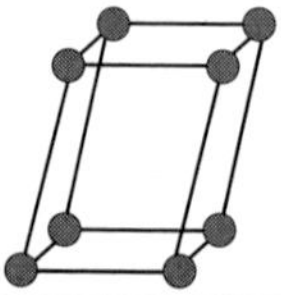 三斜格子
三方晶系	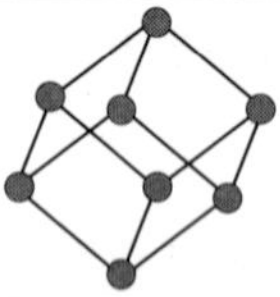 菱面体格子
六方晶系	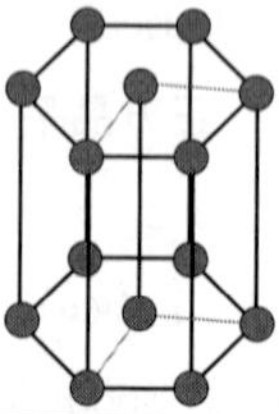 六方格子

面心直方格子(face-centered orthorhombic lattice)と呼ばれる。これらは，**直方晶系**(orthorhombic crystal system)とまとめられる。

以上は，結晶格子の角度がすべて90°であるが，90°から傾いた結晶構造もありえる。まず，**単純単斜格子**(simple monoclinic lattice)と**底心単斜格子**(base-centered monoclinic lattice)であり，これらは**単斜晶系**(monoclinic crystal system)に分類される。単斜晶系では，向かい合う2面が長方形で残りの4面が平行四辺形である。また，**三斜格子**(triclinic lattice)は，6面すべてが平行四辺形であり，向かい合う面は同じ形である。これは**三斜晶系**(triclinic crystal system)に分類される。向かい合う2面が菱形となる**菱面体格子**(rhombohedral lattice)は，**三方晶系**(trigonal crystal system)に分類される。さらに，向かい合う2面が正六角形となる**六方格子**(hexagonal lattice)が存在し，**六方晶系**(hexagonal crystal system)に分類される。

このブラベ格子をもう少し詳しくみるために，各粒子の座標をx, y, z軸で表すことを考える。立方晶系，正方晶系，直方晶系においては，それぞれx, y, z軸方向に粒子がならぶ。x軸に相当する方向の最も近い粒子間距離をa，同様に，y軸に相当する方向とz軸に相当する方向の粒子間距離をそれぞれbおよびcで表す(**図7.1**(a))。

これら以外の結晶格子では，粒子の並ぶ軸がそれぞれ直交しているとは限らない。そこで原点からの粒子の位置a, b, cをベクトルとして考え，bとcが

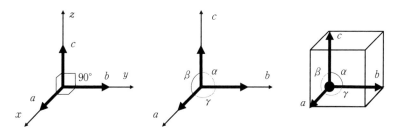

(a) 立方晶系，正方晶系，直方晶系の場合
(b) 一般的な場合
(c) 立方晶系($a=b=c$, $\alpha=\beta=\gamma=90°$)

図7.1 結晶軸と格子面における粒子間の距離と角度

なす角度をα, aとcがなす角度をβ, aとbがなす角度をγで表す（図（b））。なお，一般的な方法で最もシンプルな立方晶系を表すと図（c）のようになる。結晶格子の一般的な表し方において，a, b, cの比とα, β, γの関係から結晶のパターンである晶系を整理すると**表7.2**のようにまとめることができる。

表7.2 ブラベ格子の晶系における粒子間距離と角度の関係

晶系	粒子間の距離 （辺の長さ）	角度
立方晶	$a=b=c$	$\alpha=\beta=\gamma=90°$
正方晶	$a=b\neq c$	$\alpha=\beta=\gamma=90°$
直方晶	$a\neq b\neq c$	$\alpha=\beta=\gamma=90°$
単斜晶	$a\neq b\neq c$	$\alpha=\gamma=90°\neq\beta$
三斜晶	$a\neq b\neq c$	$\alpha\neq\beta\neq\gamma$
三方晶	$a=b=c$	$\alpha=\beta=\gamma\neq 90°$
六方晶	$a=b\neq c$	$\alpha=\beta=90°, \gamma=120°$

結晶面について，**図7.2**を例に説明する。結晶格子を構成している原子やイオンなどの粒子がならぶ平面が複数でき，その平面が結晶面である。原点に位置する粒子から最も近い3つの粒子を考え，原点とそれぞれの粒子を結ぶ直線をa軸，b軸，c軸で表す。これらの軸は，x軸，y軸，z軸に相当する。立方晶系，正方晶系，直方晶系の場合は，これらのa軸，b軸，c軸は，それぞれx軸，y軸，z軸と一致する。

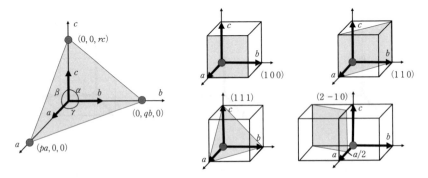

図7.2 結晶面とミラー指数

7.2 無機化合物の結晶構造　175

　また，原点から最も近い粒子までの距離をそれぞれの軸と同じ記号を用い，a, b, c で表す。これら a, b, c を**格子定数**（lattice constant）と呼ぶ。a の p 倍，b の q 倍，c の r 倍の位置に存在する粒子を含む結晶面を考えるとき，これらの数値の逆数である h（$=1/p$），k（$=1/q$），l（$=1/r$）を使い，（h　k　l）と表して hkl 面と呼ぶ。図の a の位置を含み bc 面と平行な面が（１００）である。また，a と b を含み，c 軸と平行な面が（１１０）である。原点から a 軸，b 軸，c 軸において，それぞれ格子定数と等しい座標 a, b, c の位置の粒子を含む結晶面が（１１１）である。a 軸方向で $a/2$ の位置と b 軸方向で $-b$ の位置を含み，c 軸に平行な結晶面は，（2-10）となる。p, q, r は，一般に１または小数（分数）になり，それらの逆数である h, k, l は，整数になる。また，平行する軸とは交わらないので，その軸に相当する p, q, r の値は無限大とみなすことができ，その逆数となる h, k, l の値は０と考えることができる。このような数値 h, k, l を**ミラー指数**（Millar indices）と呼ぶ。

7.2.3 代表的な結晶構造

　代表的な結晶構造について簡単に紹介する。岩塩型構造と塩化セシウム型構造については，すでに３章で説明している。まだ扱っていないおもな結晶構造の例を**図 7.3** に示す。図（a）に示す**セン亜鉛鉱型構造**は，硫化亜鉛（ZnS）などの結晶構造である。陰イオンが立方最密充填構造（面心立方格子）をとり，その隙間となる T_d 孔（４個の陰イオンに囲まれた空間）に陽イオンが配置される構造である。すなわち，配位数は（4, 4）となる。セン亜鉛鉱型構造では，陽イオンと陰イオンの数の比が等しく，1：1である。ある１つのイオン粒子の周りに符号の異なるイオンの粒子がそれぞれ４個接していると考えることができる。この構造ではイオン半径比が比較的小さい（陰イオンに対して陽イオンの半径が比較的小さい）ため，配位数をある程度小さくしたほうが安定となることにより，（4, 4）となっている。

　フッ化カルシウム（CaF_2）などの結晶構造である図（b）に示す**ホタル石型構造**では，陰イオンに対して，陽イオンも比較的大きい。まず，陰イオンが

176　7. 固　体　化　学

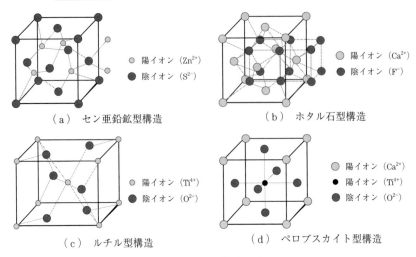

図7.3　結晶構造の例

単純立方格子を形成し，その体心に陽イオンが入る構造を形成する。陽イオン1個に対して陰イオン2個で構成されるため，図の濃いほうの色で示した陰イオンが12個の頂点に位置する隣り合う立方体を考えると，体心に陽イオンが配置された立方体に隣り合う立方体の体心には陽イオンが配置されていない。配位数は，陽イオン1個の周りに陰イオン8個，その逆に陰イオンの周りに陽イオンが4個存在するため（8, 4）となる。この場合，陽イオンが面心立方格子を形成しているとみなすことができる。

　次に酸化チタン（TiO_2）の結晶構造である図（c）に示す**ルチル型構造**を説明する。酸化チタンには，**アナターゼ型**と**ブルッカイト型**（brookite）と呼ばれる結晶構造も存在するが，常温常圧ではルチル型が最も安定である。ルチル型構造は，正方晶系であり，図では横に長い直方体で表している。陽イオンであるチタンイオン（Ti^{4+}）が直方体の8個の頂点と体心に位置している。すなわち，単位格子の中に2個分のチタンイオンが存在する。ルチル型では，陽イオンと陰イオンの比が1：2であるため，単位格子の中において，陰イオンである酸化物イオン（O^{2-}）は，底面と上面に2個ずつ（単位格子内の体積としては合計1個分ずつ），中段付近に2個の合計6個（単位格子内の体積として

は4個分）存在する。酸化チタンでは，陽イオンである1個のチタンイオンに6個の酸化物イオンが結合しているとみすことができ，陰イオンである酸化物イオン1個の周りには3個のチタンイオンが結合しているとみなされるため，配位数は (6, 3) となる。酸化チタン以外でもクロム，ルテニウム，スズ，セリウム，鉛の酸化物などがルチル型構造をとることが知られている。

最後に3種類のイオンから構成される**ペロブスカイト型構造**を図（d）に示す。ペロブスカイト型構造をとる有名な化合物が**チタン酸カルシウム**（$CaTiO_3$）（calcium titanate）である。この化合物では，2種類の陽イオンであるカルシウムイオン（Ca^{2+}）とチタンイオン（Ti^{4+}）が含まれている。陰イオンは酸化物イオン（O^{2-}）である。立方体の8個の頂点にカルシウムイオンが位置し，体心にチタンイオンが位置する。単位格子内の中の粒子の数は，カルシウムイオンとチタンイオンそれぞれ1個ずつである。陰イオンである酸化物イオンは6つの面心に位置しており，単位格子内の体積は粒子の数3個分となる。配位数は，カルシウムでは12，チタンイオンと酸化物イオンではそれぞれ6となる。ペロブスカイト型構造を形成している化合物は他にも知られており，固体型太陽電池や**誘電体**（dielectric），**磁性体**（magnetic material），**超伝導体**（superconductor）など，さまざまな材料において特徴的な性質が知られている。

7.3　結晶によるX線回折

結晶構造を知るための方法を簡単に述べる。結晶における原子やイオンなどの粒子の位置がわかれば結晶構造がわかる。上述の結晶格子のパターンもわかることとなる。このときに用いるのがX線である。電磁波が結晶を構成する原子に衝突すると反射するが，照射する角度によっては，照射された電磁波が干渉によって強め合い，強いシグナルが観測される。原子のサイズに近い波長をもつ電磁波はX線であるため，結晶の分析には，X線が用いられる。この分析方法を**X線回折**（x-ray diffraction）と呼ぶ。

7.3.1　X線回折についての基礎知識

X線は，波長がおよそ10 nm以下の電磁波である．格子面の間隔（d），X線の入射角（θ），X線の波長（λ）の間に次の関係があるときに位相が一致することで強め合い，強いX線の信号が観測される．

$$2d \sin \theta = n\lambda \tag{7.1}$$

このような結晶の格子面におけるX線の反射を**ブラッグ反射**（Bragg reflection）と呼び，式（7.1）を**ブラッグの法則**（Bragg's law）と呼ぶ．この様子を図7.4に示す．

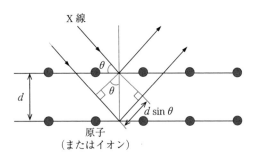

図7.4　結晶面に照射されたX線の反射と強度

測定では，横軸に2θ（入射角度の2倍になることに注意），縦軸にX線の強度を示すシグナルの曲線が得られ，X線強度が極大値を示すθの値を得ることができる（図7.5）．このθの値がわかれば，λは使用する装置や測定条件で決

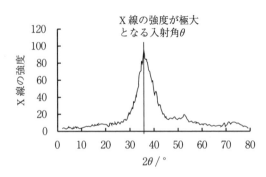

図7.5　X線回折で測定されるデータのイメージ

まっているので，式（7.1）からdを計算することができる。求められたdの値から，X線が反射された結晶面を帰属することができる。すでに測定データが報告されている物質の場合は，過去に測定されたデータを活用することができる。また，原子やイオンの半径と結晶構造のモデルから計算したdの値と測定値を比較して帰属することもできる。

7.3.2　空間群と消滅則

　結晶の数学的な取扱いに関する用語とX線回折による分析について補足的な説明をする。7.2節で扱った結晶格子のパターンは，群論と呼ばれる数学的な基本に基づく。この中で，**空間群**（space group）とは，無機物質のみならず，有機化合物やタンパク質などの生体高分子を含み，あらゆる物質が結晶化したときの数学的な取扱いである。詳細は専門書に譲り，ここでは概要の簡単な説明にとどめる。結晶は，構成する原子やイオンなどの粒子が規則正しく並んでいるため，対称性をもつ。結晶を含む空間において，特定の粒子や軸，面に対して粒子を回転させたり平行移動したときに形が元の状態と対称になる場合がある。空間群は，このような原子やイオンをはじめとした粒子などの対称性による結晶構造の分類のことを表している。

　また，X線を照射した場合の応答もこのような対称性に依存する。このようなX線結晶構造解析において，ブラッグの法則を満たす場合にも結晶面によって，X線の強度がゼロになる**禁制反射**（forbidden reflection）という現象が起こることがある。この強度がゼロになる面には規則性があり，これを**消滅則**（extinction rule）と呼ぶ。禁制反射が起こる結晶面は，ミラー指数h, k, lによって予測することができる。例えば，体心立方格子においては，ミラー指数の合計が奇数のときにX線の強度がゼロになることが知られている。この現象を利用して，対象となる結晶の空間群を決定することもできる。

180   7. 固 体 化 学

7.4　固体の電気伝導

　ここでは固体の電気伝導について，現象論的な取扱いを説明する。電気伝導
は，電荷の運び手（carrier）とその動きやすさで決まる。イオン結晶は，自由
電子をもたないため，絶縁体に分類されることが多いが，結晶格子のイオンが
動く（というよりは段階的に位置がずれる）ことによる**イオン伝導**（ionic
conduction）が起こる場合がある。この場合，陽イオンまたは陰イオンの粒子
が電気の担い手となる。半導体における電気伝導については，4章で説明した
とおりである。

　一般に伝導体といえば金属である。金属の場合，電荷の運び手は自由電子で
ある。自由電子の動きやすさは温度と材料のサイズによって決まる。温度が高
いほど，金属結晶の格子振動が激しくなるために自由電子の動きが妨げられ
る。電気のながれにくさを表す**電気抵抗**（electric resistance）を R とすると
物質の長さ（L）および断面積（S）と次の関係がある。

$$R = \rho \frac{L}{S} \tag{7.2}$$

この比例定数となる ρ（ロー）は，**電気抵抗率**（electric resistivity）または**抵抗
率**（resistivity）と呼ばれる。ρ の単位は $\Omega\,m$ である。この Ω は，電気抵抗の単
位（オーム）である。ρ の逆数は電気の流れやすさを表し，**電気伝導率**（electric
conductivity）であり，記号は σ（シグマ）で表される。電気抵抗率と電気伝導
率の記号は似ているので注意してほしい。σ の単位は $\Omega^{-1}\,m^{-1}$ である。また，
電気抵抗の逆数の単位であるジーメンス（S）を使って $S\,m^{-1}$ と表される場合
もある。σ は，物質に固有の値であり，金属と半導体または絶縁体の代表的な
値を**表7.3**および**表7.4**にそれぞれ示す。銀は単体の金属の中で最も電気伝導
率が大きい。また，温度が低くなると電気伝導率が大きくなることが示されて
いる。絶縁体の電気伝導率は，きわめて小さいがゼロではない。また，半導体
に分類される物質は，金属と絶縁体の中間程度の電気伝導率をもっている。

7.4 固体の電気伝導　　181

表 7.3　金属の電気伝導率の例

物質名	σ　$10^6 \, \Omega^{-1}\mathrm{m}^{-1}$	温度　℃
銀	61	20
	67	0
銅	59	20
	64	0
金	46	20
	49	0
白金	9	20
アルミニウム	37	20
	40	0
鉄	10	20
	11	0
チタン	2	20
	1	0

表 7.4　半導体と絶縁体の電気伝導率の例

物質名	分類	σ　$\Omega^{-1}\mathrm{m}^{-1}$	温度　℃
ケイ素	半導体	2×10^{-3}	20
GaAs	半導体	$5 \times 10^{-8} \sim 10^3$	20
石英	絶縁体	$< 10^{-15}$	室温
天然ゴム	絶縁体	$10^{-15} \sim 10^{-13}$	室温
ナイロン	絶縁体	$10^{-15} \sim 10^{-10}$	室温

　金属の電気抵抗は，低温になるほど小さくなるが，液体ヘリウムを用いた冷却による 4.2 K において，水銀の電気抵抗がゼロになることが 1911 年に**カマリング・オネス**（Heike Kamerlingh-Onnes）によって発見された。このように電気抵抗がゼロになる現象を**超伝導**（superconductivity）と呼ぶ。その後，複数の元素や化合物で超伝導体が発見され，比較的高い温度でも超伝導が起こることが知られている。超伝導体では，磁束が追い出される**完全反磁性**（superdiamagnetism）の状態となり，これを**マイスナー効果**（Meissner effect）と呼ぶ。単体金属の純粋な結晶では，超伝導と完全反磁性が同時に起こり，このような物質を第 1 種の超伝導体と呼ぶ。一方，合金や不純物を含む金属では超伝導と完全反磁性となる温度にずれが生じる場合があり，このような物質を第 2 種の超伝導体と呼ぶ。

182　　7. 固 体 化 学

7.5　固体の熱伝導

　熱エネルギーとは，物質がもつ内部エネルギーの1つであり，物質の微視的な振動のエネルギーによる。固体のもつ熱エネルギーは，温度が高いほど大きいといえるが，温度を1K上昇させるために必要な熱エネルギーを**熱容量**（heat capacity）と呼ぶ。熱容量は，温度に依存するが，高温では一定とみなすことができ，単位体積当りの熱容量である**定容熱容量**（heat capacity at constant volume）は，気体定数 R の3倍になることが知られており，これを**デュロン・プティの法則**（Dulong-Petit low）と呼ぶ。

　定容熱容量の温度依存性には，まず**アインシュタインモデル**（Einstein model）が知られている。このモデルでは，低温における実験値との一致が不十分であったが，**デバイモデル**（Debye model）により，正確に説明されている。熱は，物質の温度差を小さくするように高温側から低温側へ移動する。固体の単位断面積当りに移動する熱は，温度勾配に比例し，その比例定数は，**熱伝導率**（thermal conductivity）と呼ばれる。金属では，おもに自由電子が熱を運搬する。このような熱の運搬を**熱伝導**（thermal conduction）と呼ぶ。ここでは，一般的な固体における自由電子によらない熱の伝導について簡単に述べている。熱はエネルギーの一種であり，その運び手をエネルギーの塊である仮想的な粒子と考えて，これを**フォノン**（phonon）と呼ぶ。固体におけるフォノンは，格子の振動を仮想的なエネルギーの粒子と考えたものである。

7.6　誘電体と関連する物性

　固体の電気的な性質の違いから，電気を導かない物質である誘電体と電気を導く伝導体に分けられる。どのような物質でも大きな電圧をかければ電気を導くが，ここでは常識的な範囲での議論にとどめる。

　金属のような伝導体は，自由電子をもち，電圧をかけると，すなわち外部電

場によって電気を導くことはすでに4章や本章で説明している。ここで，電圧とは，電子1個当りに電場により与えられる位置エネルギーの差のことであり，電場とは電子を動かすための力のことである。

　一方，イオン結晶や共有結合結晶など自由電子をもたない固体は，イオン伝導などを無視できる場合，電気を導かず，外部電場によってプラス側となるほうに負に帯電した領域が生じ，反対にマイナス側では正に帯電した領域が生じる。このような物質が誘電体である。外部電場によって，正の電荷と負の電荷が分離するが，それぞれが点電荷であって，その大きさを $+q, -q$ とし，その点電荷間の距離を r とすると，分離された電荷が作る双極子モーメント (μ)（3章）を次のように表すことができる。

$$\mu = qr \tag{7.3}$$

外部電場により固体に生じた単位体積当りの双極子モーメントの合計を**誘電分極**（dielectric polarization）と呼び，記号 P で表す。この P は，外部電場の大きさ（E で表す）に比例し，次の関係がある。

$$P = \kappa \varepsilon_0 E \tag{7.4}$$

比例定数となる κ は物質に依存する電気感受率（無次元量）であり，ε_0 は1章に登場した真空の誘電率である。ここで電束密度を D とすると外部電場による部分（$\varepsilon_0 E$）と固体内の双極子モーメントによる部分（P）の合計となり，次のように表される。

$$D = \varepsilon_0 E + P \tag{7.5}$$

これをまとめると

$$D = (1 + \kappa) \varepsilon_0 E \tag{7.6}$$

となる。ここで，$(1 + \kappa) \varepsilon_0$ は，その物質（個体）の**誘電率**（dielectric constant（ε とする））である。これと ε_0 の比（$\varepsilon / \varepsilon_0$）は，**比誘電率**（relative permittivity）と呼ばれる。

　光が物質中を通るとき，真空中よりも速度が遅くなる。そのために入射した光線の角度と物質の中へ進もうとする光線の角度にずれが生じ，屈折が起こる。光の屈折の大きさは，物質を構成する電荷（特に電子）とその動きやすさ

によって決まる。

　固体の場合，一般に気体よりも物質を構成する原子やイオンの密度がかなり高いため，存在する電子の密度も高い。そのため，固体の屈折率は気体よりも大きくなる。金属の場合は，動きやすい自由電子が光の電場によって振動し，共鳴による吸収と放出によって反射が起こる。したがって，光は金属の固体の中へ進むことができず，屈折は無視できる。

　誘電体の場合は，バンドギャップよりも光子のエネルギーが大きい場合，光は吸収されるために色がつく。色をもつ半導体の固体では，表面で光が吸収されてしまうと屈折を無視することができる。一方，透明な誘電体の場合では，光が固体を透過することになる。それでも，一部の光は固体に吸収され，照射前と透過後では光の強度は弱くなっている。固体表面による反射も一部起こるため，反射によっても光の強度は小さくなるが，ここでは誘電体の固体による光の吸収について考える。実際には，物質の屈折率は複素数になり，$n-ik$ として表されることが知られている。ここで，n は，屈折率の実数部分であり，いわゆる屈折率である。n は，光の吸収が起こらない場合の理想的な屈折率と考えることができる。虚数部分の k は，減弱定数であり，k に依存して光の吸収が起こると解釈できる。

　誘電体は，外部電場や光などの刺激がない場合にも自発的に誘電分極が起こる場合あり，このような結晶を**極性結晶**（polar crystal）と呼ぶ。このような分極が**自発分極**（spontaneous polarization）である。その結果，結晶表面に分極による電荷が現れるが，温度の影響で電荷が現れる物質の性質を焦電性（pyroelectricity）と呼ぶ。また，応力（外部からの圧力など）によって誘電分極が生じる物質もあり，そのような現象を**圧電効果**（piezoelectric effect）と呼ぶ。このような性質を利用して外部からの圧力を信号に変換するセンサーや圧力による発電への応用も可能である。

7.7 格子欠陥

結晶格子は，必ずしも規則正しいわけではなく不完全性が生じる場合もある。例えば，理想的には存在するはずの位置に原子やイオンの粒子が存在しない場合がある。また，逆に粒子が存在しないはずの場所に余計な原子やイオンが挿入されていることもある。また，結晶面のずれも不完全性の1つである。結晶格子におけるこのような不完全性を**格子欠陥**（lattice defect）と呼ぶ。

このような欠陥の中で，結晶を構成する粒子単位の欠陥を**点欠陥**（point defect）と呼ぶ。陽イオンと陰イオンが対になってはずれて，電気的な中性が保たれている欠陥を**ショットキー欠陥**（Schottky defect）と呼ぶ。また，本来の位置から外れた粒子が別の位置に挿入された欠陥を**フレンケル欠陥**（Frenkel defect）と呼ぶ。これらの欠陥のイメージを**図7.6**に示す。このような欠陥により，結晶が着色することや，電気伝導性が上昇するなど，物性が変化することが知られている。

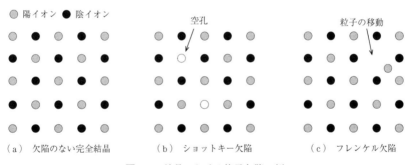

図7.6　結晶における格子欠陥の例

7.8 ナノ材料

最後に，**ナノ材料**（nanomaterial）について，固体化学の立場から簡単に述

べる。ナノサイズの結晶と考えることもできるが，ある程度の十分な大きさをもつ結晶とは原子の結合（結合距離や配列など）が異なる場合もあり，簡単に比較することはできないが，サイズの違いだけを仮定して，ナノ材料について考えてみたい。まず，粒子は半径（直径）が小さくなることに従い，全体の表面積は増大する（**図 7.7**）。

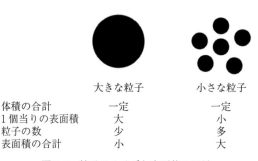

図 7.7 粒子のサイズと表面積の関係

同じ物質で，大きさだけが異なる粒子状の材料があったとする。その球状の**ナノ粒子**（nanoparticle）では，質量の合計が等しければ，全粒子の体積の合計（V_{Total}）は，サイズによらず一定である。一方，粒子1個当りの体積（V_{NP}）は，粒子の半径（r_{NP}）の3乗に比例し

$$V_{NP} = \frac{4\pi r_{NP}^3}{3} \tag{7.7}$$

と表される。そうすると粒子の数（N_P）は，体積の合計との比になり

$$N_P = \frac{V_{Total}}{V_{NP}} = \frac{3 V_{Total}}{4\pi r_{NP}^3} \tag{7.8}$$

となる。粒子1個当りの表面積（S_{NP}）は，粒子の半径の2乗に比例し

$$S_{NP} = 4\pi r_{NP}^2 \tag{7.9}$$

である。したがって，全粒子の表面積の合計（S_{Total}）は

$$S_{Total} = S_{NP} \times N_P = \frac{3 V_{Total}}{r_{NP}} \tag{7.10}$$

と表され，粒子の半径に反比例することが示される。したがって，粒子のサイズが半分になれば，表面積の合計は2倍になる。一般に触媒反応などは，固体

の表面で起こるため，小さな粒子を調製すれば表面積をかせぐことができ，少ない材料で大きな活性が期待できる。また，4章で述べたようにサイズが小さくなるとバンドギャップが広くなり，吸収する電磁波の波長や材料の色などを変えることもできる。さらには，ナノ材料の原子レベルにおける構造が，大きなサイズの材料（バルク材料）と比べて変わる場合があり，ナノ材料特有の性質が現れることもある。ナノ材料では，サイズの効果と合わせて，触媒活性の大幅な向上などが期待できる場合もある。

ま　と　め

・固体の結晶構造のパターン：ブラベ格子

・X線結晶構造解析（X線回折）の基本となる原理：結晶を構成する原子やイオンの間隔とX線の波長が近いため，干渉による増強の角度変化を測定すると結晶のサイズがわかる。

・金属の電気伝導率と温度の関係：自由電子が電気を導く。温度上昇に伴い電子の移動が妨げられて，電気伝導率は減少する。

・イオン伝導：イオン結晶でもイオンの位置が段階的にずれることで電気伝導性を示すことがある。

・超伝導体：電気抵抗がゼロになる物質。第1種および第2種の超伝導体に区別される。

・固体の熱容量：温度に依存する。低温になるほど小さく，温度上昇に伴って増大するが高温では一定（気体定数の3倍）になる。

・固体の熱伝導：金属ではおもに自由電子が熱を運び，絶縁体や半導体ではフォノン（格子の振動に基づく仮想的な粒子）が熱を運ぶ。

・外部電場により電気を導かない絶縁体の性質を別の面からみると誘電体ということができる。

・格子欠陥：ショットキー欠陥とフレンケル欠陥

・ナノ材料：ナノ粒子の半径と全体的な表面積の関係

188   7. 固 体 化 学

章 末 問 題

1. 岩塩型構造における（100）面を図示せよ。

2. 固体結晶における原子やイオン間の距離を測定するためにX線が用いられる理由を簡潔に説明せよ。

3. 消滅則とは何か簡潔に説明せよ。

4. 絶縁体と考えられているイオン結晶でも電気が流れることがある。そのメカニズムを簡潔に説明せよ。

5. 金属と半導体の固体において，電気伝導率における温度依存性の違いを説明せよ。

6. 固体における熱伝導とはどのようか現象か？またフォノンとは何か簡潔に説明せよ。

7. 熱伝導における金属（伝導体）と絶縁体におけるメカニズムの違いを簡潔に説明せよ。

8. 光を吸収する物質では屈折率が複素数で表される意味を説明せよ。

9. ショットキー欠陥とフレンケル欠陥の違いを簡潔に説明せよ。

10. 触媒作用を示す物質が粒子状の場合，小さい粒子にして用いるメリットを説明せよ。

8. 溶液化学

8.1 溶液化学とは

　溶液化学（solution chemistry）とは，その名のとおり，液体や溶液内の化学反応を扱う学問である。**分析化学**（analytical chemistry）や**物理化学**（physical chemistry）の実験においても基本的に重要である。

　液体は，**物質の三態**（three states of matter）（気体，液体，固体）の中で，流動性をもつ点では気体と似ているが，密度の高さは同じ物質の固体とほぼ同じという特徴をもつ。密度が高いことから，熱や電気の伝導において，固体と近い性質をもつ。工学的には，熱伝導性と流動性という物理的特徴を利用できることから，例えば，冷媒としては液体が優れている。液体の中で物質は自由に動き回り，**衝突**（collision）をはじめとしたさまざまな相互作用をする。そのため，化学反応の場としても液体は重要であり，生命の体も化学反応の場の1つと考えることができる。したがって，生命に関する化学反応の多くは，溶液反応の一種と考えることもできる。また，**電池**（battery）における化学反応も溶液反応の一種である。無機化学においても溶液化学は重要なテーマである。この章では，無機化学と関係が深い溶液化学の基礎について扱う。

8.2 理想溶液と非理想溶液

　理想溶液（ideal solution）とは，**溶媒**（solvent）と**溶質**（solute）との関係において，衝突（**弾性衝突**（elastic collision））以外の相互作用を無視できる溶液である。**沸点上昇**（elevation of boiling point），**凝固点降下**（depression of

190 　　8. 溶 液 化 学

freezing point)，**浸透圧**（osmotic pressure）などの溶液における**束一的性質**
（colligative properties）が溶質の濃度のみに理想的にしたがう溶液は，理想溶
液といえる。

　実際には，溶媒分子と溶質分子（またはイオンなど）の間には，引力などの
相互作用がある。特に電解質の溶液では顕著である。電荷をもった粒子である
陽イオンおよび陰イオンが溶媒分子と静電的に相互作用するため，束一的性質
であるはずの物性値も理論値と大きくずれる場合がある。また，溶質の濃度が
高い場合，溶質分子間に働く相互作用も溶液の性質に影響する。このように溶
媒分子と溶質分子間の相互作用や溶質分子どうしの相互作用が溶液の性質に顕
著な影響を与えている溶液を**非理想溶液**（nonideal solution）という。気体に
おける**理想気体**（ideal gas）と**実在気体**（real gas）の違いに似ている。ここで
は，理想溶液と非理想溶液の違いについては簡単な記載にとどめる。詳細は，
物理化学の教科書などを参考にしてほしい。

8.3　酸 と 塩 基

8.3.1　酸と塩基の定義

　化学反応では，混ぜ合わせても特に何も起こらない物質の組合せと，反応す
る組合せがある。**酸**と**塩基**も混ぜ合わせると反応する。中には爆発的に激しく
反応する組合せもある。たがいに反応する物質を交通整理する1つの方法とし
て，酸と塩基という概念がある。何をもって酸または塩基に区別されるのか，
定義が決まっている。**アレニウスの定義**（Arrhenius definition），**ブレンステッ
ド・ローリーの定義**（Brønsted-Lowry definition），**ルイスの定義**（Lewis
definition）が使われる。

　溶液反応の中でも特に水溶液中の反応を考えるとき，アレニウスの定義がわ
かりやすい。アレニウスの定義では，酸とは，水に溶けて水素イオン（H^+）
を生じる物質である。また，塩基とは，水に溶けて水酸化物イオン（OH^-）を
生じる物質である。この背景にあるのが，水分子自身が次のように電離するこ

8.3 酸 と 塩 基　　191

とである。

$$H_2O \rightarrow H^+ + OH^- \tag{8.1}$$

ここで，水素イオン（H^+）は，孤立して存在するわけではなく，水分子に配位結合した状態で H_3O^+ と考えたほうが現実に近い。そこで，次のような式で表される場合も多い。

$$2H_2O \rightarrow H_3O^+ + OH^- \tag{8.2}$$

ここでは，水分子が分解（解離）して生じた水素イオン（プロトン）が別の水分子に結合することを表しており，水の**自己プロトリシス**（autoprotolysis）と呼ばれる。（〜リシス（lysis）という用語は，分解を表しており，直訳すると水素イオン分解ということになる。）H^+ が OH^- よりも多いと酸性，逆に少ない（OH^- のほうが多い）と塩基性の水溶液となる。水の電離は，平衡状態にあり，水素イオン濃度（$[H^+]$）と水酸化物イオン濃度（$[OH^-]$）の積は，温度や圧力が一定であれば，常に等しい。これらの間には，**水のイオン積**（ionic product of water）と呼ばれる定数（K_W）を用いて，次の式が成り立つ。

$$K_W = [H^+][OH^-] \tag{8.3}$$

この K_W は，標準状態（25℃，1気圧）では，$1.0 \times 10^{-14} (\text{mol dm}^{-3})^2$ である。

　アレニウスの定義は，水溶液などに限られ，水が存在しないと使えないが，有機溶媒中でも同様の化学反応は起こる。そこで，この概念を拡張したブレンステッド・ローリーの定義では，酸とは，水素イオンを供与する物質であり，塩基とは，水素イオンを受け取る物質であると定義される。この定義は，水溶液中における酸と塩基の反応にも矛盾なく使える。水溶液中で，水酸化物イオンは，塩基であるが，酸である水素イオンを受け取って水を生じる。また，アンモニアは，水に溶けて，次のように水酸化物イオンを生成する塩基である。

$$NH_3 + H_2O \rightarrow NH_4^+ + OH^- \tag{8.4}$$

水が存在しない場合でも，アンモニアは気体中で酸である塩化水素と触れると次のような**酸塩基反応**（acid–base reaction）が起きる。

$$NH_3 + HCl \rightarrow NH_4^+Cl^- \tag{8.5}$$

この反応では，塩基であるアンモニアが水素イオンを受け取った反応と解釈す

192   8. 溶 液 化 学

ることができる。

　さらに，ルイスの定義では，酸とは電子対を受け取る物質であり，塩基とは電子対を提供する物質であると定義されている。一見，わかりにくいように思えるが，水素イオンと水酸化物イオンの反応では，水酸化物イオンのローンペア（孤立電子対）を水素イオンが受け取る反応であり，電子対の提供と受け取りと考えて矛盾がない。また，式（8.5）では，水素イオン（塩化水素分子）がアンモニアの窒素原子がもつローンペアを受け取っている。ルイスの定義では，アレニウスの定義およびブレンステッド・ローリーの定義と矛盾することなく，酸と塩基の概念が拡張されている。水素イオンが登場しない化学反応にも電子対をやりとりするパターンがあり，ルイスの定義を用いると，広く酸塩基反応を考えることができる。

8.3.2　pH と pK_a

　酸性（または塩基性）の強さを数値で表すことができると便利である。そこで，pH という物理量が次のように定義される。

$$pH = -\log[H^+]　（または -\log[H_3O^+]）\tag{8.6}$$

ここで，log は常用対数である。また，$[H^+]$ と $[H_3O^+]$ は同じであり，濃度の単位は mol dm^{-3} である。（単位をもつ物理量の対数を取ることは本来正しくないが，物理量を単位で割った後の数値だけとしてから対数を取るという考え方である。）また，pOH という物理量もあり，次のように定義される。

$$pOH = -\log[OH^-]\tag{8.7}$$

水素イオンの代わりに水酸化物イオンの濃度を用いており，塩基の強さの指標となる。式（8.3）を使うと次の関係がわかる。

$$K_w = 10^{-pH} \times 10^{-pOH}\tag{8.8}$$

また，物質の酸の強さを表す指標としては，酸（HA）が解離するときに平衡定数を使うことができる。HA が次のように解離する場合

$$HA　\rightarrow　H^+　+　A^-\tag{8.9}$$

この反応では，平衡定数（**酸解離定数**（acid dissociation constant），K_a）は次

のように表される。

$$K_a = \frac{[H^+][A^-]}{[HA]}$$ (8.10)

K_a が大きいほど，強い酸である。この K_a の常用対数を取ることで**酸解離指数**（pK_a）が次のように定義される。

$$pK_a = -\log K_a$$ (8.11)

したがって，pK_a が小さい物質ほど，強い酸であるといえる。これは，pH が小さいほど，酸性が強いことに対応している。同様に塩基では，次のような化学反応式

$$B \ + \ H^+ \ \rightarrow \ BH^+$$ (8.12)

を基本にして，**塩基解離定数**（base dissociation constant）（K_b）が次のように表される。

$$K_b = \frac{[BH^+]}{[B][H^+]}$$ (8.13)

この定数の常用対数を取ることで**塩基解離指数**（base dissociation index）（pK_b）が次のように定義される。

$$pK_b = -\log K_b$$ (8.14)

この式が表すように，pK_b が小さい物質ほど，強い塩基であるといえる。

8.3.3 HASB

硬い酸（hard acid），**硬い塩基**（hard base），**軟らかい酸**（soft acid），**軟らかい塩基**（soft base）という用語がある。これを英語で表した Hard and Soft Acids and Bases の頭文字をとって，**HASB** という。HASB とは，酸塩基反応において，反応しやすい組合せを分類するために用いられる用語である。実際に溶液の硬さや軟らかさが異なるというわけではない。酸と塩基であれば必ず速やかに反応するというわけでなく，反応のしやすさにはパターンがある。硬い酸と硬い塩基に分類される物質どうしは反応しやすく，また，軟らかい酸と軟らかい塩基どうしも反応しやすい。この硬さや軟らかさは，ルイスの定義によ

194   8. 溶 液 化 学

る酸と塩基の分類に関係している。ここでは用語の説明だけにとどめておく。

8.3.4 緩衝溶液

水溶液に酸や塩基を加えると，一般に pH は大きく変動する。これに対し，少量の酸や塩基を加えても pH がほとんど変化しない溶液のことを**緩衝溶液**（buffer solution）と呼ぶ。また，pH の変動を抑制する働きを**緩衝作用**（buffer action）と呼ぶ。緩衝作用は，生体を含め，自然界でも多くの例をみることができる。化学，工学の分野においても重要であり，実験室においても用いられる。緩衝液の調製にはいくつかの方法があるが，弱酸とその弱酸が強塩基と反応して生じた塩を含む水溶液を調製すれば緩衝作用を示す。

緩衝作用の原理について，酢酸（弱酸）と酢酸ナトリウム（酢酸と強塩基である水酸化ナトリウムの塩）を例に説明する。

酢酸（CH_3COOH）は，水に溶けると大部分は，CH_3COOH の状態であるが，一部分が次のように解離する。

$$CH_3COOH \quad \rightarrow \quad CH_3COO^- \quad + \quad H^+ \tag{8.15}$$

一方，塩である酢酸ナトリウム（CH_3COONa）は，水溶液中でほぼ完全に解離する。

$$CH_3COONa \quad \rightarrow \quad Na^+ + CH_3COO^- \tag{8.16}$$

したがって，水溶液中には，多量の CH_3COOH と CH_3COO^-，およびこれらに比べて少量の水素イオン（H^+ または H_3O^+）が存在している。ここで，CH_3COOH と CH_3COO^- は，次のような平衡状態にあり，酢酸の酸解離定数（K_a）を用いて，次の式で表すことができる。

$$K_a = \frac{[H^+][CH_3COO^-]}{[CH_3COOH]} \quad （室温では, K_a = 2.8 \times 10^{-5}\,mol\,dm^{-3}） \tag{8.17}$$

または，酢酸の水溶液に水酸化ナトリウム水溶液が加わると，酢酸は部分的に中和され，実質的に酢酸と酢酸ナトリウムの混合物になる。この状態の溶液が緩衝作用を示す。この状態に酸（H^+）を加えると

$$CH_3COO^- \quad + \quad H^+ \quad \rightarrow \quad CH_3COOH \tag{8.18}$$

の反応が起こり，[H$^+$]の増大が抑えられる。一方，塩基（OH$^-$）が加えられると

$$CH_3COOH + OH^- \rightarrow CH_3COO^- + H_2O \quad (8.19)$$

の反応が起こり，[OH$^-$]の増大が抑えられる。このような緩衝液のpHは

$$pH = pK_a + \log \frac{[CH_3COO^-]}{[CH_3COOH]} \quad (8.20)$$

と表せる。この式は，**ヘンダーソン・ハッセルバルヒの式**（Henderson-Hasselbalch equation）と呼ばれる。

8.3.5 水　　和

　水溶液中に溶けている物質はどのような状態になっているのであろうか？溶質と溶媒である水分子との間には，なんらかの相互作用があると考えられる。水分子は，代表的な極性分子であり，酸素原子側がわずかに負電荷（マイナス，$\delta-$）をもち，水素原子側が正電荷（プラス，$\delta+$）をもっている。そこで，溶質分子も極性をもてば，溶質分子のマイナス側と水分子の水素原子が近づき，溶質分子のプラス側と水分子の酸素原子が近づいた状態が想像できる。このような状態で溶質分子を取り囲む状態を**水和**（hydration）という（**図8.1**）。

　また，溶質が塩の場合は，陽イオンと陰イオンに電離し，陽イオンの周りに酸素原子を向けた水分子が取り囲み（図（b）），陰イオンの周りには，水素原子を向けた水分子が集合する（図（c））。このように溶質と溶媒である水分

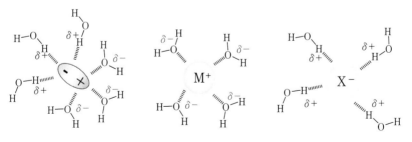

（a）極性分子への水和　　（b）陽イオンへの水和　　（c）陰イオンへの水和

図8.1　水和の例

196   8. 溶 液 化 学

子が静電気力で引き合うことで溶液全体のエネルギー（**エンタルピー**（enthalpy））が低下し，安定な状態となる。溶液中では，溶質がばらばらになっているので，溶解していないときに比べて**エントロピー**（entropy）が高い状態となる。このようにエンタルピーの低下とエントロピーの増大が起こる。自然界では，エンタルピーが低い状態とエントロピーが高い状態への変化が起こりやすく，これらを同時に考えた**自由エネルギー**（free energy）（または**ギブズエネルギー**（Gibbs energy）（エンタルピー－エントロピー×絶対温度）が低下する方向へ変化するといえる。溶液の生成においても溶解前と溶解後で，自由エネルギーの低下が起きる。このとき，水和は，エンタルピーの低下に大きく貢献している。

8.3.6　加水分解

　前述のような酢酸ナトリウムが水に溶解するとき，何が起きるであろうか？酢酸ナトリウムは，酢酸イオンとナトリウムイオンから構成される塩である。水に溶けると陰イオンである酢酸イオンと陽イオンであるナトリウムイオンに電離する。さらに，これらのイオンの周りに水和が起きる。この溶液の中に存在しているのは，酢酸イオン，ナトリウムイオン，水分子，水素イオン，水酸化物イオンである。ここで，酢酸の解離平衡を思い出してほしい。登場する酢酸イオンと水素イオンから，解離の逆過程である酢酸の生成が起きる。酢酸は弱酸であり，元々解離しにくい物質であるためである。この過程は，次の式で表すことができる。

$$CH_3COO^- \ + \ H^+ \ \rightarrow \ CH_3COOH \tag{8.21}$$

この過程は，式（8.18）と本質的に同じである。この反応が起こると溶液中の水素イオン濃度が低下し，水酸化物イオンが残ることになる。また，水の解離定数（水のイオン積）は，一定であるため，水素イオン濃度の低下に従って，水の解離が次のように進行する。

$$H_2O \ \rightarrow \ H^+ \ + \ OH^- \tag{8.22}$$

これらの式（8.21）と式（8.22）をまとめると（すなわち足し合わせると）

$$CH_3COO^- + H_2O \rightarrow CH_3COOH + OH^- \tag{8.23}$$

となる。ここでは，酢酸イオンが水分子によって分解し，酢酸と水酸化物イオンが生じると考えることができる。このような過程を**加水分解**（hydrolysis）と呼ぶ。一般に加水分解というと，エステル結合やアミド結合などが水分子との反応で切断される反応を指す場合もある。無機化学における加水分解は，上式のように水に溶けた塩と水分子の反応を指す場合も多い。

8.4 酸化還元

化学反応のパターンの中で酸化と還元も重要である。酸化と還元の定義は

1）酸素と結合（酸化），酸素を失う（還元）

2）水素を失う（酸化），水素と結合（還元）

3）電子を失う（酸化），電子を受け取る（還元）

であるが，3）の電子のやり取りが広く酸化と還元を定義している。電子のやり取りは，化学反応において基本といえる。電子を失う過程と電子を受け取る過程は，一般に同時に起きるため，電子を失う物質と受け取る物質の組合せが化学反応のパターンを決める。すなわち，酸化と還元は同時に起きる。そこで電子のやり取りを含む変化を**酸化還元**（redox）と呼ぶ。また，その化学反応を**酸化還元反応**（redox reaction）と呼ぶ。

8.4.1 酸化剤と還元剤

酸化されやすい物質（相手を還元しやすい物質）と還元されやすい物質（相手を酸化しやすい物質）が存在する。これらの組合せで化学反応が起こるといえる。ここで，還元されやすい物質（相手を酸化しやすい物質）を**酸化剤**（oxidant）と呼ぶ。反対に酸化されやすい物質（相手を還元しやすい物質）を**還元剤**（reductant）と呼ぶ。一般的な酸化剤と還元剤を**表8.1**に示す。化学反応の多くは，酸化剤と還元剤の組合せで起こると考えることができる。さまざまな合成化学（おもに有機合成反応）においても，酸化と還元は重要であ

198   8. 溶 液 化 学

表 8.1 酸化剤と還元剤の例

	物　質	電子の授受と化学反応式の例
酸化剤	酸素	$O_2 + e^- \rightarrow O_2^-$
	過酸化水素	$H_2O_2 + 2H^+ + 2e^- \rightarrow 2H_2O$
	硫酸（熱濃硫酸）	$H_2SO_4 + 2H^+ + 2e^- \rightarrow SO_2 + 2H_2O$
	硝酸	$HNO_3 + H^+ + e^- \rightarrow NO_2 + H_2O$
	過マンガン酸イオン	$MnO_4^- + 8H^+ + 5e^- \rightarrow Mn^{2+} + 4H_2O$
還元剤	水素	$H_2 \rightarrow 2H^+ + 2e^-$
	ナトリウム	$Na \rightarrow Na^+ + e^-$
	水素化ホウ素ナトリウム（塩基性水溶液中）	$NaBH_4 + 8OH^- \rightarrow Na^+ + B(OH)_4^- + 4H_2O + 8e^-$
	硫化水素	$H_2S \rightarrow S + 2H^+ + 2e^-$
	過酸化水素*	$H_2O_2 \rightarrow O_2 + 2H^+ + 2e^-$

*酸化剤と還元剤は，相手の酸化力または還元力によって立場が変わる。過酸化水素は，酸化剤として働く場合が多いが，過酸化水素よりも酸化力が強い物質に対しては，還元剤として働く。

る。そのとき，酸化剤や還元剤が用いられるが，反応しにくい物質を処理するときには，より強力な酸化剤や還元剤が用いられる。

酸化と還元について，鉄（Fe）を例に考えてみる。鉄は，希塩酸のような酸性水溶液で次のように酸化されて，溶解する。

$$Fe + 2HCl \rightarrow Fe^{2+} + 2Cl^- + H_2 \tag{8.24}$$

ここで，鉄は，酸化数がゼロから+2の状態（Fe^{2+}）になっている。すなわち酸化されている。ここで，鉄だけについて考えると

$$Fe \rightarrow Fe^{2+} + 2e^- \tag{8.25}$$

と表すことができる。この反応で還元されるのは，水素イオンである。塩化水素は，水に溶けると水素イオンと塩化物イオンに解離しており，酸化数+1の水素イオンがFeとの反応により，酸化数ゼロの水素分子（H_2）に還元されているといえる。この反応も水素だけについて考えると

$$2H^+ + 2e^- \rightarrow H_2 \tag{8.26}$$

と表せる。酸化される物質と還元される物質をこのような**半反応式**（half equation）で表すことができ，その組合せで化学反応式を表すことができる。

ただし，次に述べるように，酸化と還元はどちらが酸化されやすいか，力関係のようなものがあり，どのような半反応式でも組み合わせることができるとは限らない。

8.4.2 標準酸化還元電位

どのような場合に酸化還元反応が起こるのか，力関係のようなものがあると述べた。そこで，酸化剤と還元剤の強さを数値で表すことができると便利である。化学反応式の組合せにおいて，強い酸化剤は，自ら還元され，それよりも弱い酸化剤は，酸化される方向に化学反応が進む（**図8.2**）。また，電池の原理も酸化と還元である。酸化剤と還元剤の組合せによって電池を構築でき，起電力も決まる。

酸化と還元は，平衡反応であり，あるエネルギーレベル（電位）において，

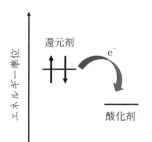

図8.2 酸化還元における電子授受のイメージ

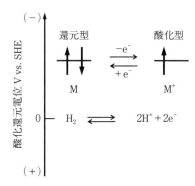

図8.3 酸化還元電位のイメージ

200   8. 溶 液 化 学

電子のやり取りが起こると考えることができる（**図8.3**）。電子1個がもつ位置エネルギーを表すため，V（ボルト）が単位に用いられる。電子を失う側からみれば酸化であり，逆に電子を得る側からみれば還元である。酸化と還元が平衡状態となるエネルギー準位を**酸化還元電位**（redox potential）と呼ぶ。特に，常温常圧における酸化還元電位のことを**標準酸化還元電位**（standard redox potential）と呼ぶ。標準酸化還元電位をみれば，どちらが強い酸化剤か，どちらが酸化されて還元されるのかがわかる。また，標準酸化還元電位の差が大きい物質を選び，酸化剤と還元剤の組合せで電池を構成することができる。標準酸化還元電位の差が大きいほど，最大の起電力が大きくなる。

表8.2に金属イオンを例に標準酸化還元電位を記す。酸化還元電位は，絶対

表8.2　金属イオンの標準酸化還元電位

物　質	電子授受の反応式 （$M^+ + e^- \Leftrightarrow M$）	酸化還元電位 V vs. SHE
リチウム	$Li^+ + e^- \Leftrightarrow Li$	-0.34
カリウム	$K^+ + e^- \Leftrightarrow K$	-2.92
カルシウム	$Ca^{2+} + 2e^- \Leftrightarrow Ca$	-2.84
ナトリウム	$Na^+ + e^- \Leftrightarrow Na$	-2.71
マグネシウム	$Mg^{2+} + 2e^- \Leftrightarrow Mg$	-2.36
アルミニウム	$Al^{3+} + 3e^- \Leftrightarrow Al$	-1.68
亜鉛	$Zn^{2+} + 2e^- \Leftrightarrow Zn$	-0.76
鉄	$Fe^{2+} + 2e^- \Leftrightarrow Fe$	-0.44
ニッケル	$Ni^{2+} + 2e^- \Leftrightarrow Ni$	-0.26
スズ	$Sn^{2+} + 2e^- \Leftrightarrow Sn$	-0.14
鉛	$Pb^{2+} + 2e^- \Leftrightarrow Pb$	-0.13
水素	$2H^+ + 2e^- \Leftrightarrow H_2$	0（基準）
塩化銀	$AgCl + e^- \Leftrightarrow Ag + Cl^-$	$+0.22$
銅	$Cu^{2+} + 2e^- \Leftrightarrow Cu$	$+0.34$
塩化白金酸イオン	$[PtCl_4]^{2-} + 2e^- \Leftrightarrow Pt + 4Cl^-$	$+0.77$
水銀	$Hg^{2+} + 2e^- \Leftrightarrow Hg$	$+0.796$
銀	$Ag + e^- \Leftrightarrow Ag$	$+0.799$
白金	$Pt^{2-} + 2e^- \Leftrightarrow Pt$	$+1.19$
金	$Au^{3+} + 3e^- \Leftrightarrow Au$	$+1.52$

値を決めることができず，基準となる化学反応を用いて，相対値で決めること
が一般的である。ここでは，標準水素電極（5章参照）を考える。標準状態の
水素分子と活量1（通常は1N）の水素イオンを含む水溶液が電極を介して接
しているとき，水素分子と水素イオンは平衡状態にあり，水素分子は電子を放
出して水素イオンとなる。逆の過程で水素イオンは，電子を受け取って水素分
子となる。このような電子の出入りが起こるエネルギー準位を0V（vs. SHE）
と表す。ここでSHEは標準水素電極である。

　酸化還元電位は，物質がもつ電子のエネルギー準位を表しており，高い状態
が負であり，逆に低い状態では，正の値をもつことに注意してほしい。これ
は，電子の電荷が負であると決められていることに関係する。SHEを基準と
する場合，水素分子の電子のエネルギー準位をゼロと決めている。この値が負
のとき，電子はSHEよりも高い準位にあり，放出（上から下へ落ちるイメー
ジである）されやすく，すなわち酸化されやすい。逆に正のときは，電子のエ
ネルギー準位は低く，取り出しにくい。電子のエネルギー準位が低い物質で
は，自らは酸化されにくく，相手から電子を奪って酸化する側にまわる。出し
入れされる電子が複数の場合もある。例えば，鉄（Fe^{2+}とFe）の場合，同時
に2個の電子を得て還元型のFeとなり，逆に2個の電子を失い酸化型のFe^{2+}
になることを示している。そのとき，これら2個の電子がもつ位置エネルギー
は等しい。

　還元剤は，酸化剤に電子を奪われて酸化される。逆に酸化剤は，還元剤から
電子を受け取り，還元される。物質（金属原子とその陽イオンなど）から電子
が出し入れされる例を考えると，式（8.25）で表した鉄では，酸化還元電位は
-0.44Vである。一方，水素イオンの酸化還元電位では，定義により0であ
る。鉄において電子が出入りするエネルギー準位のほうが標準水素電極電位よ
りも高いので，鉄から電子が取り出される（上から下に落ちるイメージ）と考
えることができる。逆に水素分子から電子を取り出して，鉄イオンを還元する
ためには，電子にエネルギーを与えて高い準位にもっていく必要があるので，
起こらないといえる。

202   8. 溶 液 化 学

なお，電池の起電力（E）は，次の**ネルンストの式**（Nernst equation）で表すことができる。

$$E = E^0 + \frac{RT}{zF} \log \frac{[Ox]}{[Red]} \tag{8.27}$$

ここで E^0 は，標準電極電位の差であり，最大の起電力は，この値で決まる。また，R は気体定数，T は絶対温度，z は酸化還元に関わる電子数（一価のイオンどうしの場合は 1），F は**ファラデー定数**（Faraday constant）（1 mol の電子がもつ電荷であり，電気素量にアボガドロ定数をかけた値である。），[Ox] は酸化された物質の濃度（電子が奪われて酸化された後の状態の濃度），[Red] は還元された状態の物質の濃度（電子を与える前の状態の濃度）である。

酸化される側の物質と還元される側の物質の各イオン濃度によって起電力は決まる。酸化される物質の酸化される前の濃度が高く，還元される物質の還元される前の濃度が高いほど，起電力は高くなる。酸化還元に伴い，電流が生じるが，やがて酸化される側の物質が減少して，還元される陽イオンなどの物質も減少してくる。その結果，酸化還元反応は平衡に達し，起電力はゼロになる。したがって，式（8.27）を使い（$E=0$，[Ox] と [Red] の比を平衡定数 K に置き換え），標準電極電位と酸化還元反応の平衡定数を式（8.28）のように関係付けることができる。

$$\log K = -E^0 \frac{zF}{RT} \tag{8.28}$$

すなわち，標準電極電位の差から酸化還元反応の平衡定数を求めることができる。

ま と め

・理想溶液とは：理想溶液と非理想溶液との違い

・酸と塩基の定義：pH と pK_a

・緩衝作用：緩衝作用の原理，加水分解

・酸化と還元：酸化剤と還元剤

章　末　問　題　　203

・標準電極電位：酸化還元反応との関係

章 末 問 題

1. 理想溶液と実在する溶液の違いについて例をあげて論ぜよ。
2. 酢酸と酢酸ナトリウムを両方含む水溶液に少量の酸や塩基を加えても pH が大きく変化しない理由を説明せよ。
3. 金属の銅は，希塩酸に溶けるか？
4. 過酸化水素は，一般に酸化剤として用いられるが，還元剤に分類されることもある。なぜか？
5. カリウムと銀イオンを組み合わせると標準状態で得られる最大の起電力はいくらか？

9. 核化学

9.1 核化学とは

核化学（nuclear chemistry）とは，原子核に着目した化学である。原子核の変化に着目して元素について考える学問ということもできる。関連分野は，**放射線治療**（radiation therapy）や**放射線診断**（radiation diagnosis）に関係する**核医学**（nuclear medicine）や放射性同位元素を利用した分析技術，そして**原子力発電**（nuclear power generation）と多岐にわたる。

原子力発電は，二酸化炭素排出量の削減と地球温暖化防止の切り札といわれたこともある。一方で事故のリスクは大きく，今後の積極的な推進については意見が分かれている。もし再生可能エネルギーの開発が進み，原子力発電が不要になった場合にも原子炉の廃炉や廃棄物の管理と処分のため，原子力技術者の養成は今後も必要である。いずれにしても原子力発現に関する研究や技術の向上は重要であり，その中でも核化学は必須の学問である。

核化学の基本は，さらに**素粒子物理学**（particle physics）や**核物理学**（nuclear physics）にもつながる。核化学が関係する分野は，基礎から応用までかなり広い学問であるといえる。また，無機化学と関連する分野では，**放射化学**（radiochemistry）や**放射線化学**（radiation chemistry）があげられる。この章では，核化学に関連する基礎的な事項と核化学における重要な元素であるアクチノイドについて解説する。詳細は専門書で学ぶ必要があるが，理工系の大学生が基礎として知ってほしい内容をまとめている。また，この分野に興味をもった文系の大学生の教養の一環としても読んでもらいたい。

9.2 自然界の力と放射性同位体

　自然界には，4つの力（相互作用の基本）が存在するとされる。強いほうから順に

　1）**強い力**

　2）**電磁気相互作用**（electromagnetic interaction）

　3）**弱い力**（weak interaction）

　4）**重力相互作用**（gravitational interaction）（**万有引力**（gravitation））である。化学においてあらゆる変化は，2）電磁気相互作用でほとんどが説明される。人間が日常的に感じる力は，2）電磁気相互作用と4）重力相互作用であろう。

　最も強い1）強い力は，原子核で働く力である。原子核を構成する陽子と中性子をつなぐ力である。陽子は正電荷をもつため，複数の陽子が狭い空間に集合すると反発してしまう。そこで，複数の陽子だけで構成される原子核は存在しない。水素の原子核は陽子1個であるが，1個だけであるから存在できる。そこで，水素以外の原子核には，陽子どうしの反発力よりも強い結合力が必要である。その力が，**核力**と呼ばれ，1）強い力に分類される原子核の陽子と中性子の間に働く力である。しかし，中性子が多ければよいわけではなく，バランスが重要である。おおむね，陽子数と同程度の中性子数のとき，原子核は安定になる。バランスが悪いと原子核は不安定になり，放射性同位体になる。中性子が多すぎる場合，中性子（n）が陽子（p）に変わる**核反応**（nuclear reaction）が次のように起きる。

$$\mathrm{n} \rightarrow \mathrm{p} + \mathrm{e}^- + \bar{\nu}_e \tag{9.1}$$

これをβ崩壊と呼ぶ（5.2.1項参照）。このとき発生する電子（電子線）は，β（ベータ）線と呼ばれる放射線である。$\bar{\nu}_e$は，反電子ニュートリノである。**ニュートリノ**（neutrino）（反電子ニュートリノを含む）は，物質とほとんど相互作用しないので，化学では一般に無視される。

206   9. 核　化　学

ニュートリノについて，簡単に説明する。核反応の前後において，量子数が保存される。中性子と陽子は，**ハドロン**（hadron）と呼ばれる**素粒子**（elementary particle）に分類され，**ハドロン数**（hadron number）という同じ量子数をもつ。したがって，この核反応の前後でハドロン数は変わらない。右辺では，新しく電子が生成している。電子は**レプトン**（lepton）と呼ばれる素粒子に分類され，**レプトン数**（lepton number）という量子数をもつ。この量子数を打ち消すために，負のレプトン数をもち，質量をほとんどもたない反電子ニュートリノの生成が起きると解釈される。この核反応では，質量数は変わらないが，原子核の陽子が1個増えるため，原子番号が1つ大きい元素になる。反対に中性子が少ない（陽子が多い）場合，陽子が中性子に変換される反応も次のように起きる。

$$p \rightarrow n + e^+ + \upsilon_e \tag{9.2}$$

e^+ は**陽電子**（positron）である。陽電子は，電子と同じ質量をもつが，電子と同じ絶対値の正電荷をもつ電子の**反物質**（antimatter）である。また，υ_e は，**電子ニュートリノ**（electron neutrino）であり，反電子ニュートリノと同様，物質とほとんど相互作用しないので，化学においては一般に無視される。この反応は，**β^+ 崩壊**（beta plus decay）と呼ばれる。また，原子核の陽子が軌道の電子を奪う**軌道電子捕獲**（orbital electron capture）と呼ばれる核反応が起こることもある。これは次の反応式で表される。

$$p + e^- \rightarrow n + \upsilon_e \tag{9.3}$$

β^+ 崩壊と軌道電子捕獲では，質量数は変わらないが，原子核の陽子が1個減るため，原子番号が1つ小さい元素になる。また，周期表において，原子番号が増加すると，それに伴い質量数も増加するが，質量数が大きい原子は，その原子核自体が不安定となり，**核分裂**やα崩壊を起こす。α崩壊は，陽子2個と中性子2個から構成される**α粒子**（alpha particle）（ヘリウムの原子核と同じ）を原子核から放出して，原子核の質量数が4減ることで軽くなり，原子番号も2つ小さい元素に変わる核反応である。このとき放出されるα粒子は，α線と呼ばれる放射線である。原子番号が大きすぎる元素は存在することが難し

9.3 放射線と放射能：関係する物理量　　*207*

く，自然界では原子番号 94 までの元素が確認されている。人工的に合成できる元素でも，現在のところ最大の原子番号は 118（**オガネソン**（oganesson），Og）である。

9.3　放射線と放射能：関係する物理量

　放射線という用語と**放射能**という用語は，似ているために混同して使われる場合がある。ここでは，これらの核化学に関する用語について整理する。

　まず，放射線とは，この章で扱う放射性同位体や人工的につくられた放射線発生装置から発生する**ビーム**（beam）のことである。このビームには，9.2 節に記した電子線（β線）やα線などの**粒子線**（particle ray）が含まれる。

　電子やα粒子が空中を飛び，物質に衝突すると**電離作用**（ionization）を示す。その結果，分子が壊れることもあり，細胞や微生物に照射されると障害を引き起こし，死滅させることもある。このような電離作用をもつ「ビーム」を一般に放射線や**電離放射線**（ionizing radiation）と呼ぶ。

　これらの粒子のほか，中性子や陽子，α粒子（ヘリウムの原子核）以外の原子核（例えば，炭素の原子核など）が飛び出した場合にも放射線と呼ばれる。さらに，高エネルギーの光子も放射線に分類され，**ガンマ（γ）線**（gamma ray）や X 線が該当する。

　一般に，X 線よりもγ線のほうが，光子 1 つ当りのエネルギーが大きい。しかし，X 線とγ線にはエネルギーの大きさに基づく明確な区別はない。これらの違いは，一般に発生源の違いであり，原子核から放射される場合をγ線と呼ぶ。一方，電子の遷移（原子のより外側の軌道を回っている電子が原子核に近い軌道に落ちるときに放射される場合や自由電子が原子核に捕まるときにエネルギーの差が光子として放射される）によって生じる場合を X 線と呼ぶ。また，一般に人工的な**放射線発生装置**（radiation generator）では，電子の加速度運動によって，電磁波を発生させる場合が多く，X 線に分類される。すなわち，電子に由来する紫外線よりも高エネルギーの光子が X 線であり，原子核

208   9. 核　化　学

由来の高エネルギーをもつ光子がγ線に分類される。

　一方，放射能とは，放射線を発生させる能力のことを意味する。放射能には物理量があり，一般に**ベクレル**（becquerel）（Bq）が用いられる。これは，1秒間当りに発生する放射線の粒子や光子の数を表す。SI（国際単位系）では，Bq は，s^{-1} と表される。また，放射性同位元素そのものを放射能と呼ぶ場合がある。放射線と放射能に関わる物理量とその単位を**表**9.1にまとめる。

表9.1　放射線と放射能に関連する物理量

物理量	一般的な単位（読み方）	SI との関係	意　味
放射能	Bq（ベクレル）	$Bq = s^{-1}$	1秒間当りに発生する放射線の数
エネルギー	eV（電子ボルト），$keV(10^3\,eV)$ や MeV $(10^6\,eV)$ がよく使われる。	$1\,eV = 1.602 \times 10^{-19}\,J$	放射線の粒子や光子1個当りがもつエネルギー（粒子の場合は，運動エネルギー）
吸収線量	Gy（グレイ）	$Gy = J\,kg^{-1}$	物質1kg当りが吸収した放射線のエネルギー
等価線量	Sv（シーベルト）	Gy と同じ	生物効果を考慮して補正した吸収線量
実効線量	Sv（シーベルト）	Gy と同じ	等価線量をさらに組織荷重係数で補正
空間線量率	$Sv\,h^{-1}$	$J\,kg^{-1}\,s^{-1}$	1時間当りの被ばくを表す等価線量
照射線量	R（レントゲン）	$R = 2.58 \times 10^{-4}\,C/kg$	放射線による空気の電離量

　なお，放射線が物質を電離する作用は，放射線の種類やエネルギー（粒子線の運動エネルギーや光子のエネルギー）に依存する。γ線や X 線のエネルギーは，一般的な光子のエネルギーと同じ式（$E = h\nu$）で計算できる。粒子線のエネルギーは，一般に粒子の運動エネルギーに等しい。光子や粒子1個がもつエネルギーが放射線のエネルギーを表しており，単位には，おもに keV や MeV（電子ボルトの 10^3 倍や 10^6 倍）が用いられる。同じ数の放射線を物質に照射しても，生じる影響や引き起こされる反応は，放射線の種類やエネルギーによって異なる。まず，放射線を照射しても物質が吸収しなければ反応は起らな

い。そこで，物質が吸収した放射線のエネルギーを表す物理量として，**吸収線量**（absorbed dose）がある。単位は，Gy（**グレイ**（gray））が使われる。物質 1 kg 当りが吸収した放射線のエネルギーを意味しており，50 kg の物質が 50 J の放射線のエネルギーを吸収したら，1 Gy ということになる。

放射線の人体への影響（**被ばく**）を評価する物理量も定義されている。放射線の人体影響は，人体が吸収した放射線のエネルギーに依存するが，放射線の種類によっても変わる。そこで，放射線による被ばくの影響を指標にした**等価線量**（equivalent dose）という物理量があり，次の式で定義される。

等価線量＝吸収線量×放射線荷重係数　　　　　　　　　　　　　(9.4)

放射線荷重係数（radiation weighting factor）は，単位をもたない数値であり，科学的な根拠に基づいて決められているが，物理量というより目安と考えたほうが良いであろう。新たな科学的データを基にして，ときどき見直される。現在，X 線と γ 線，β 線では，1 と決められている。中性子線では，その運動エネルギーによって 5 ～ 20，α 線では 20 と決められている。等価線量の単位には，**シーベルト**（sievert）（Sv）が使われる。SI 単位としては，Gy と同じ次元（J kg^{-1}）である。また，放射線を被ばくした人体組織により，影響が異なるため，等価線量に被ばくした組織による補正値（**組織荷重係数**（tissue weighting factor））をかけた**実効線量**（effective dose）という物理量もあり，次の式で定義される。

実効線量＝（等価線量×組織荷重係数）の合計　　　　　　　　(9.5)

ここで合計というのは，被ばくを受けた組織の合計である。

組織荷重係数も放射線荷重係数と同様に，目安と考えたほうがよい。現在は，0.20（生殖腺），0.12（肺，赤色骨髄，胃，結腸），0.01（皮膚，骨表面）と決められている。この値は，生殖腺のほうが皮膚よりも放射線の影響を受けやすいことに基づいて決められている。組織荷重係数も単位がないので，実効線量の単位は，等価線量と同じ Sv であり，SI では，吸収線量と同じ J kg^{-1} である。「放射能を測る」という場合，発生している放射線の数（Bq の単位）を測る場合のほか，被ばくの危険を考慮した放射線の強度を測る場合もある。例

えば，1時間当りに被ばくする等価線量を表す**空間線量率**（air dose rate）という物理量がある。単位は，$Sv\,h^{-1}$ が使われる。

現在はあまり使われていないが，**照射線量**（exposure dose）（単位：R，レントゲン）という放射線量を表す物理量がある。これは，乾燥した空気 1 kg を電離して $2.58 \times 10^{-4}\,C$（クーロン）の電荷を生じる放射線量を 1 R として定義されている。

9.4　放射性同位体の半減期

放射性同位体は，別の元素に変化していくが，その速度は一次反応にしたがう。一次反応は，ある時間が経過すると元の状態の物質（この場合は核種）の量が 1/2 になり，さらに同じ時間が経過すると，はじめに観測された値の 1/4 になる。そのため，放射性同位体が崩壊していく時間を評価する指標として**半減期**（half-life）（$T_{1/2}$）が用いられる。そこで，放射能（または放射性同位体の原子数や濃度）を RD とすると，次式に従って RD は小さくなる。

$$RD = RD_0 \times \left(\frac{1}{2}\right)^{\frac{t}{T_{1/2}}} \tag{9.6}$$

ここで，t は時間であり，RD_0 は $t=0$ のときの放射能 RD である。

9.5　アクチノイド

核化学では，**アクチノイド**（actinoid）を忘れることはできない。無機化学は元素の性質を扱う学問であるが，天然に存在し，人類が関わる最も重い元素群がアクチノイド（**表9.2**）である。

アクチノイドは，第7周期第3族にまとめられている15種類の元素である。アクチノイドとランタノイドは同族で，アクチノイドの周期番号が1つ大きいことから，電子配置は類似していると想像できる。原子番号92の**ウラン**（uranium）までは，天然にある程度存在する。ウランは，天然に比較的多量

9.5 アクチノイド　　*211*

表9.2　アクチノイドとその安定な酸化数，化合物の例

名称	原子番号	元素記号	安定な酸化数	化合物の例
アクチニウム	89	Ac	3	
トリウム	90	Th	3, 4	ThO_2, $ThCl_4$, $Th(OH)_4$
プロトアクチニウム	91	Pa	$3 \sim 5$	PaO_2, Pa_2O_5, PaF_4, PaF_5
ウラン	92	U	$2 \sim 6$	UO_2, UO_3, U_3O_8, UF_3, UF_4, UF_6
ネプツニウム	93	Np	$2 \sim 7$	NpO_2, $NpCl_3$
プルトニウム	94	Pu	$3 \sim 7$	$PuCl_3$
アメリシウム	95	Am	$2 \sim 7$	$AmCl_3$
キュリウム	96	Cm	3, 4	CmO_2, Cm_2O_3
バークリウム	97	Bk	3, 4	
カリホルニウム	98	Cf	$2 \sim 4$	
アインスタイニウム	99	Es	$2 \sim 4$	
フェルミウム	100	Fm	2, 3	
メンデレビウム	101	Md	$1 \sim 3$	
ノーベリウム	102	No	2, 3	
ローレンシウム	103	Lr	3	

に存在する最も重い元素である。原子番号 93 の**ネプツニウム**（neptunium）と 94 の**プルトニウム**（plutonium）は，ウラン 238 の核反応に由来して天然にもわずかに存在する。一般に，地球上のプルトニウムといえば，原子力発電に伴って生じた元素である。原子番号 95 の**アメリシウム**（americium）以降は，人工的な核反応により作られた元素である。

　アクチノイド元素の最外殻電子は，おもに 7s 軌道の 2 個の電子である。アクチニウムは，6d 軌道に 1 個の電子をもち，5f 軌道には電子をもたない。その他のアクチノイド元素は，原子番号の増加に伴い，5f 軌道の電子が増加していく。原子番号 103 の**ローレンシウム**（lawrencium）では，5f 軌道に 14 個，7p 軌道に 1 個の電子をもつ。アクチノイド元素は，天然に単体では存在しない。

　アクチノイドの化合物は，酸化物やハロゲン化物が多いが，水素化物や炭化物，窒化物，硫化物を形成する場合もある。アクチノイドは金属であるため，アクチノイドの陽イオンと酸素やハロゲンなどの陰イオンとの化合物をよく形成する。そのとき，アクチノイドは，ランタノイドの酸化数と比べて幅広い酸

212   9. 核　　化　　学

化数をとることが知られている。ランタノイド同様，原子番号の増加に伴って
アクチノイドのイオン半径は目立って小さくなる。これを**アクチノイド収縮**
（actinoid contraction）と呼ぶ。その理由は，ランタノイドのように f 軌道（ア
クチノイドでは 5f 軌道）の遮蔽効果が小さいため，原子番号の増加による原
子核から電子への引力の増大の効果が顕著に大きくなるためである。

9.6　原子力発電の概要

　無機化学の視点から，原子力発電について簡単に説明する。まず，原子力発
電の原理は，原子核の変化に伴い放出されるエネルギーの利用である。1 章で
述べたように，原子核を構成している成分は，陽子と中性子である。陽子どう
しは正電荷をもっているためクーロン力で反発するが，陽子と中性子の間に働
く引力（核力）は，クーロン力よりもはるかに強いため，原子核がバラバラに
なることが防がれている。陽子と中性子の数にはバランスがあり，ちょうど良
い比率で原子核が構成されている。また，ある程度陽子と中性子の数が多い
（原子核が大きい）ほうが安定になる（**図 9.1**）。しかし，後述するように大き
すぎても不安定になる。
　そこで，水素やヘリウムなどの小さい原子核が融合し大きな原子核が生じる
ときにエネルギーの放出が起こる。これは，核力により，原子核どうしが結合
することに基づく。すなわち**核融合**（nuclear fusion）である。しかし，核力
はかなり接近しないと有効に働かない。そのため，核融合を引き起こすために
は，原子核どうしをかなり接近させる必要がある。一方，クーロン力による反
発は，核力が及ぶ範囲よりも遠距離まで働く。したがって，原子を接近させる
と，まず原子核周囲の電子どうしが反発する。また仮に，裸の原子核どうしを
接近させても，原子核の正電荷による反発が先に起きてしまう。核融合を起こ
すには，このようなクーロン力による反発に打ち勝つだけのかなり大きな運動
エネルギーをもって原子を衝突させる必要がある。そのため，現在のところ，
実用的な核融合発電は難しく，研究の段階にある。

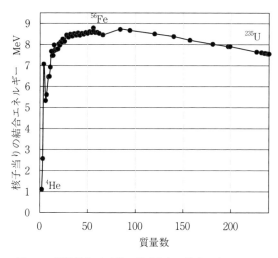

図 9.1 質量数と原子核の核子当りの結合エネルギーの関係（原子核の安定性に対応）

　一方で，大きすぎる原子核もまた不安定である．原子核の安定性は，鉄（^{56}Fe）で極大となり，それを超える原子核では不安定になる（図9.1）．そこで大きな原子核を壊してもエネルギーの放出が起きる．これが核分裂である．核分裂による原子力発電は，比較的容易であり，実用化されている．わが国で行われている原子力発電は，ウラン（^{235}U）の核分裂によるエネルギー放出を利用している．^{235}Uに中性子が衝突すると核分裂が起こり，より小さな原子核と中性子が生じ，エネルギーの放出が伴う（図9.2）．

　そのエネルギーは，熱の形で放出され，**冷却材**（coolant）である水を水蒸気に変えることでタービンを回して発電が成り立つ．このとき発生する中性子がさらに^{235}Uに衝突し，核分裂の**連鎖反応**（chain reaction）が起きる．これを**臨界**（criticality）と呼ぶ．

　一般に，核燃料に使われるウランは，核分裂する^{235}Uと比較的安定で核分裂しない^{238}Uを含んでいる．原子力発電の燃料におけるウランの中で^{235}Uの割合は数%であり，ほとんどが^{238}Uである．核分裂反応が促進されすぎると，中性子の発生量も多くなり，その運動エネルギーも大きくなる．運動エネ

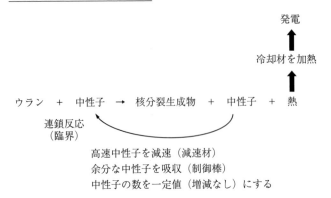

図 9.2 原子力発電における核分裂反応の概要

ギーの大きな（速い）中性子は，^{235}U に吸収されにくく，^{238}U に吸収されやすくなるので，連鎖反応が爆発的に促進することはない。また，この連鎖反応をコントロールするために中性子を吸収する作用をもつホウ素（^{10}B）が用いられている。原子力発電では，原子核の変化を利用するので，用いるウランやホウ素の化学形は関係なく，単体であっても化合物であっても混合物でもよい。そこで，最も安定で扱いやすい化学形（状態）で用いられる。ウランは，一般に酸化ウランの状態で用いられる。

核分裂による原子力発電に用いる材料の例を表 9.3 にまとめる。表のような材料を用い，図 9.3 のような構成で核分裂反応が安定して続くように制御される。図 9.3（a）は，実際の原子炉そのものではなく，基本構成の概念を示している。

おもに，燃料には**燃料ペレット**（fuel pellet）と呼ばれる焼き固めた酸化ウランが用いられる。直接エネルギーを発生するのは，^{235}U の原子核である。この燃料ペレットを封入する**被覆管**には，筒状のジルコニウム合金が用いられる。燃料が封入された被覆管は**燃料棒**と呼ばれる。

燃料棒の材料には，融点が高く，中性子が透過しやすい性質が求められる。また，発生した中性子の損失を減らし，外への漏洩を防ぐ目的で**反射材**（reflector）が用いられる。反射材には，ベリリウム等を用いることができる。

表9.3 原子力発電に用いる材料と元素の例

材料	利用可能な物質	おもな働きをする元素（記号）	働き
核燃料	酸化ウラン	^{235}U	核分裂してエネルギーを放出
燃料棒の被覆管	ジルコニウム合金	Zr	燃料を安定に保持する
冷却材	水	H, O	発生した熱を奪い，過度な温度上昇を防ぐとともに蒸気の発生源となる
減速材	水，炭素	H, C	中性子が衝突し，適度な速度に保つ
制御材（制御棒）	炭化ホウ素，カドミウム，ハフニウム	^{10}B, Cd, Hf	中性子を吸収し，核分裂反応を制御する
反射材	水，コンクリート，ベリリウム	H, Be	発生した中性子を反射させ，損失を防ぐと同時に外部への漏洩を防ぐ
原子炉容器	ステンレス	Fe	核分裂反応による温度上昇に耐える

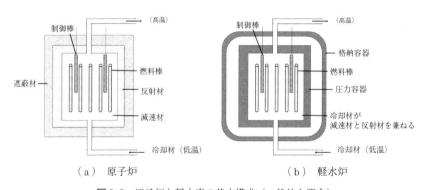

図9.3 原子炉と軽水素の基本構成（一般的な概念）

一般的な原子炉では，後述する冷却材の水分子を構成している水素原子が中性子を反射する作用を利用している。また，中性子を外部に漏洩させない目的で**遮蔽材**（shielding material）が用いられる。**制御材**（**制御棒**（control rod））は，中性子を吸収する物質を利用することで，核分裂反応を制御する。制御棒を差し込むと核分裂反応を抑制し，引き抜くと促進することになる。制御材には，おもにホウ素（^{10}B）を含む材料が用いられる。また，カドミウムやハフニウムにも制御材としての性質がある。

冷却材には，おもに水が用いられる。冷却材は，その名称から原子炉が高温

216   9. 核　　化　　学

になるのを防ぐ目的もあるが，発生した熱を受け取り発電に利用することが主
要な目的である。低温の水が高温の蒸気となりタービンを回して発電する。ま
た，水分子を構成する水素の原子核は，陽子であるので中性子とほぼ同じ質量
である。質量が近い物質どうしが衝突すると運動エネルギーを相手に渡すこと
で，減速する効果が大きい。そこで，発生したエネルギー（熱）で加速された
中性子が速くなりすぎた場合，水素の原子核に衝突することで減速される。こ
のような性質をもつ材料を**減速材**（moderator）という。水は，冷却材と減速
材さらには反射材を兼ねている。

　また，以前研究されていた**高速増殖炉**（fast breeder reactor）では，さらに
高温になるため，熱を奪う効率を高めるため**液体金属**（liquid metal）が望ま
れた。そこで，金属の中でも融点が低く，中性子を吸収しにくいナトリウムが
用いられたことがある。

　図9.3（b）は，実用化されている一般的な原子炉である**軽水炉**（light
water reactor）の基本構成を示している。燃料棒と制御棒，冷却材は，図9.3
（a）と同様であるが，冷却材の水が反射材と減速材を兼ねている。軽水炉は，
燃料棒と制御棒，冷却材を**圧力容器**（pressure container）の中に閉じ込めた
構造である。圧力容器には，燃料棒の被覆管と同様の性質が求められ，おもに
ステンレスが用いられている。さらに外側を圧力容器と同様の材料で作られる
格納容器（reactor container）で覆い，放射性物質の漏洩を防いでいる。その
全体をコンクリートで覆うことで中性子線を含む放射線を遮蔽している。

9.7　核医学の概要

　核化学の医学分野への応用である核医学について，簡単にまとめる。核医学
は，放射性同位体を診断や治療に応用する学問分野である。人体に投与された
放射性同位体から放射される放射線は人体組織を透過するので，放射線をモニ
ターすれば，その放射性同位体がどこにあるのかがわかる。例えば，注射され
た薬剤がどこの組織にどの程度集積し，さらに排出されるまでの時間を知るこ

とができる。放射性同位体は，安定同位体と化学的な性質がほとんど変わらないので，ある薬剤の一部の元素を放射性同位体に置き換えた薬剤を投与すれば，薬としての性質を変えずに，体外からモニターできる。このような目的では，人体への影響をできるだけ小さくするため，半減期が短い放射性同位体が用いられる。

また，放射線は，電離作用などによって生体高分子を損傷するので，がん細胞や有害微生物などを死滅させることもできる。その例の1つとして，**ホウ素中性子捕捉療法**（boron-neutron capture therapy，BNCT）について簡単に説明する。この治療法は，ホウ素を含む薬剤を投与し，腫瘍に集積させ，中性子線を照射することでがん細胞を死滅させる治療法である。ホウ素（^{10}B）が中性子を吸収しやすいことは先に述べたとおりである（5章）。また，中性子は透過性が高く，人体の深部にも簡単に届く。そこで，ホウ素を含む薬剤が投与されていれば，そこで中性子の吸収が起こる。ホウ素（^{10}B）の原子核が中性子を吸収するとα線（^{4}He の原子核，^{4}He^{2+}）とリチウムの原子核（^{7}Li^{3+}）が生成する。この反応は

$$^{10}\text{B} + \text{n} \rightarrow {}^4\text{He} + {}^7\text{Li} \tag{9.7}$$

と表される。または，^{10}B$(\text{n}, \alpha)^7$Li と表すことができる。原子核の反応では，左側に元の原子核，括弧内は，左から照射される放射線，発生する放射線が書かれ，括弧の右側に生成する原子核が書かれる。整理すると

$$\text{反応物（照射される放射線, 発生する放射線）生成物} \tag{9.8}$$

と表すことができる。ここで発生したα線は，細胞のスケールと同程度である $10\,\mu\text{m}$ 程度しか飛ばない。また，α粒子よりも重い ^{7}Li の飛程はさらに短い $4 \sim 5\,\mu\text{m}$ 程度である。したがって，ピンポイントでがん細胞にダメージを与えることができる。薬剤そのものの**毒性**（toxicity）が低く，照射する中性子線の線量をできるだけ低く抑えれば，**低侵襲**（less invasive）にがんを治療できる。

ま と め

現在の周期表では，原子核を構成する陽子の数で元素を分類しているが，陽

218   9. 核 化 学

子の数に依存したバランスのよい中性子の数が決まっている。そこには，陽子
と中性子をつなぎとめる核力が関わっている。

核力は，自然界の4種類の力の中で最も強く，原子核の変化に伴って発生す
るエネルギーは莫大である。原子核は，ある程度大きいほうがエネルギー的に
は安定になるため，小さい原子核を融合することで大きなエネルギーの放出が
起こる。しかし，現在のところ制御された条件で実用的な発電に用いることは
難しい。一方で大きすぎる原子核もまた不安定であり，核分裂によっても大き
なエネルギーの放出が起こる。核分裂は比較的簡単に行うことができ，原子力
発電として実用化されている。原子力発電に用いる核燃料を含む種々の材料
は，各元素の特徴を利用している。また，放射性同位体を化合物の一部に導入
すると化学的性質をほとんど変えずに放射線を発する物質に変換でき，放射線
を測定することで，その化合物をモニターすることが可能となる。この性質を
利用した薬物動態の追跡が可能である。また，ホウ素（^{10}B）が中性子を吸収
し，α線とリチウム原子核の粒子線に変わり，これらが電離作用を示すことを
利用したピンポイントながん治療も可能である。このように原子核の変化を利
用することで発電や医療への応用がなされている。

章 末 問 題

1. 核融合が核分裂よりも難しい理由を説明せよ。
2. ローレンシウム ^{252}Lr は，生成した1秒後に元の14.5%まで減ってしまう。^{252}Lr
  の半減期はいくらか？
3. 半減期と1次反応の反応速度定数との関係を式で表せ。
4. 空気中の窒素原子の原子核（^{14}N）にα線が衝突すると陽子線（p）が発生し，
  ^{17}O に変わる。この反応を式（9.7）および式（9.8）にならって記せ。
5. アクチノイド収縮の概要とその現象が起こる理由を説明せよ。
6. ホウ素は，原子力発電において重要な物質であるが，どのような目的で用いられ
  るか？また，それはホウ素のどのような性質に基づいているか？
7. 放射性同位体が薬物動態（投与された薬物の生体での動き）を調べるために有効
  である理由を説明せよ。
8. 医療における中性子の有利な性質は，どのようなことであると考えられるか？

10. 生物無機化学

10.1 生物無機化学とは

「生物」と名前が付く学問には有機化学が重要と考えられている。しかし実は，無機化学も有機化学と同様，生物に深い関わりがある。有機化合物に分類されている以外で生命と関わりがある物質について研究する学問が**生物無機化学**（bioinorganic chemistry）であるといえる。「有機化学」も「無機化学」も学問分野や教育分野を交通整理するための便宜上の区別であるので，本質的に何かが違うというわけではない。

強いて言えば，生物無機化学は，金属イオンがもつ**触媒作用**（catalysis）と生命との関わりが特徴的ではないかと思われる。生命にとって必須とされる多くの金属イオンは，微量であっても著しい効果を示す場合が多いことも特徴といえる。元素の周期表において，原子番号 92 のウランまでのほとんどの元素が，天然にある程度多量に存在している。原子番号 43 のテクネチウムと 61 のプロメチウム，93 のネプツニウム，94 のプルトニウムなど，自然に起こる核分裂反応に由来して生成することでわずかにしか存在しない元素もある。したがって，天然に存在している正確な元素の種類の数を決めるのは困難だが，とにかくさまざまな元素が存在している。地球上の土や水の中にもこれら多くの元素が存在し，それらを植物や動物は絶えず取り込んでいる。このことから，地球上の生命は 90 種類程度の元素と関わって生きているといえる。生命との関わりがわかっている元素を周期表に示すと**図 10.1** のようになる。

この中で**必須元素**と証明されている元素は，生命を維持するうえで必要な化学反応や生命の形を維持するための働きがわかっている。必須元素には，体の

220   10. 生 物 無 機 化 学

周期＼族	1	2	3	4	5	6	7	8	9	10	11	12	13	14	15	16	17	18
1	H																	He
2	Li	Be											B	C	N	O	F	Ne
3	Na	Mg											Al	Si	P	S	Cl	Ar
4	K	Ca	Sc	Ti	V	Cr	Mn	Fe	Co	Ni	Cu	Zn	Ga	Ge	As	Se	Br	Kr
5	Rb	Sr	Y	Zr	Nb	Mo	Tc	Ru	Rh	Pd	Ag	Cd	In	Sn	Sb	Te	I	Xe
6	Cs	Ba	ランタ ノイド	Hf	Ta	W	Re	Os	Ir	Pt	Au	Hg	Tl	Pb	Bi	Po	At	Rn
7	Fr	Ra	アクチ ノイド	Rf	Db	Sg	Bh	Hs	Mt	Ds	Rg	Cn	Nh	Fl	Mc	Lv	Ts	Og

■ 必須元素（主要元素）　　　□ 必須元素（微量元素）
▨ 必須元素ではないが，医薬品として用いられている元素
*ランタノイドは，原子番号64のガドリニウム（Gd）など

図 10.1　周期表からみる元素と生命の関わり

構成成分であるなど，比較的多量に必要な主要元素と，微量で生理活性などを示す**微量元素**（trace element）に分類される．また，必須元素ではないが，**薬理作用**（pharmacological action）が知られており，**医薬品**（drug medicine）として利用されている元素もある．さらに放射線の発生源として用いる**放射性医薬品**（radiopharmaceuticals）や直接的な薬理作用は示さないが医療に用いられる元素も存在する．

　一方，必須元素とされていない元素の中では，水銀など，毒性しか知られていない元素も存在するが，それらの元素が果たして本当に不要であるのか証明することは難しい．地球上に生きている限り，特定の元素を完全に除去した水や食物しか摂取しないことは困難であるためである．また，将来，有害な元素にも必須元素としての働きや薬理作用が発見される可能性も否定できない．この章では，すべての元素について説明することは不可能であるが，生物無機化学の概要を理解できる程度で生命と元素について記す．

10.2　酸　　　素

　酸素は，無機物質に分類される物質の中で特に生命との関わりが深い元素

といえる。ヒトを含む多くの生命は，**呼吸**（respiration）によるエネルギー生産で酸素を利用している。その酸素の起源は，植物の**光合成**（photosynthesis）における水の分解である。酸素は**生命活動**（biological activity）に重要であるほか，毒性や有害性にも関わる。**酸化ダメージ**（oxidative damage）や**酸化ストレス**（oxidative stress）という用語が使われることがあるが，**核酸**（nucleic acid）や**酵素タンパク質**（enzyme protein）などの生命とって重要な物質が壊されるとき，酸素による酸化が関わる場合が多い。これは，普通の酸素分子ではなく，「**活性酸素**（reactive oxygen（species），頭文字をとって ROS と略されることもある）」と呼ばれ，状態の異なる酸素やその化合物が関わる場合が一般的である。おもな活性酸素を**表 10.1** にまとめる。

表 10.1　おもな活性酸素

名　称	化学式	生成過程の例	特徴など
スーパーオキシド（スーパーオキシドアニオンラジカル，超酸化物イオン）	$O_2^{\cdot-}$	物質の酸化に伴う酸素分子の還元	SOD で分解。水の中では，H^+ により H_2O_2 に
過酸化水素	H_2O_2	$O_2^{\cdot-}$ から生成	長寿命。純粋なら自発的に分解しない。$^{\cdot}OH$ の発生源
ヒドロキシルラジカル	$^{\cdot}OH$	水の酸化分解。フェントン反応，ハーバー・ワイス反応	高反応性，強い酸化力
一重項酸素	$^1O_2$	光増感反応	光酸化のおもな原因
過酸化物	ROOH など（R はアルキル基や金属原子など）	有機化合物の酸化	食品の酸化，生体分子の酸化，ラジカルの発生源

10.2.1　酸素と活性酸素

酸素分子については，分子軌道の説明で述べた電子配置（4 章）を思いだしてほしい。酸素分子（O_2）の結合次数は 2 であり，電子を得て還元されると結合次数が低下する。したがって，O-O 結合が切断されやすくなり，化学反応性が上昇すると考えられる。O_2 は酸化力が強いので，物質を酸化する過程

で電子を奪い，自らは$O_2{}^{\cdot-}$となることがある。これが**スーパーオキシド**（superoxide）（またはスーパーオキシドアニオンラジカルや超酸化物イオン）と呼ばれる活性酸素の一種である。スーパーオキシドは活性酸素の中で，それほど強力な反応性をもつわけではないが，他の活性酸素の発生源になる。水の中で発生すると水素イオンと速やかに反応して過酸化水素（H_2O_2）になる。その反応は，次のように表すことができる。

$$2O_2{}^{\cdot-} + 2H^+ \rightarrow H_2O_2 + O_2 \tag{10.1}$$

そのため，スーパーオキシドの寿命は短く，水の中では 1 ms 以内とされる。過酸化水素の工業的な製法は，5 章で述べたとおりであるが，生体内を含め，水溶液中では，式（10.1）のように生成する。過酸化水素は，比較的長寿命であり，**細胞膜**（cell membrane）や**核膜**（nuclear membrane）を透過して，細胞内に入り，さらには核酸に近づくことができる。金属イオンやスーパーオキシドにより，ヒドロキシルラジカル（$^{\cdot}OH$）を生成する。鉄イオンによるヒドロキシルラジカルの生成は，**フェントン反応**（Fenton reaction）と呼ばれ，次の化学反応式で表される。

$$H_2O_2 + Fe^{2+} \rightarrow {}^{\cdot}OH + OH^- + Fe^{3+} \tag{10.2}$$

スーパーオキシドによるヒドロキシルラジカルの生成も起き，これは**ハーバー・ワイス反応**（Harber-Weiss reaction）と呼ばれ，次の化学反応式で表される。

$$H_2O_2 + O_2{}^{\cdot-} \rightarrow {}^{\cdot}OH + OH^- + O_2 \tag{10.3}$$

ヒドロキシルラジカルは，非常に反応性が高く，DNA や RNA などの核酸に作用すると塩基の酸化や糖とリン酸で構成されている鎖の切断を引き起こす。

　一重項酸素（$^1O_2$）は，スーパーオキシドが再酸化されて中性の酸素分子に戻るときに生成する場合がある。また，過酸化物の分解で酸素分子が発生するときにも発生することがある。ここで「発生することがある。」と記述したのは，基底状態の三重項酸素が生成する場合もあるためである。一般に一重項酸素の生成源となる重要な過程は，光化学反応である。**紫外線**（ultraviolet ray）や可視光を吸収して励起状態となった物質が近くの酸素分子にその励起エネル

ギーを渡す（**エネルギー移動**（energy transfer））ことで一重項酸素が生成する。励起状態となった物質は，寿命の長い励起三重項状態になると酸素と接触する確率が高くなるため，励起三重項状態から酸素分子へのエネルギー移動が一重項酸素の生成には一般的である。このエネルギー移動とは，励起状態の物質から高いエネルギー準位にある電子を酸素分子に渡し，その代わりに酸素分子がもつ電子を返すことで起きる。いわゆる**電子交換**（electron exchange）であり，高いエネルギー状態の電子と低いエネルギー状態の電子を交換する過程とみなすことができる。化学反応式では，次のように表すことができる。

$$\text{Sens} + h\nu \rightarrow {}^1\text{Sens} \tag{10.4}$$

$$^1\text{Sens} \rightarrow {}^3\text{Sens} \tag{10.5}$$

$$^3\text{Sens} + {}^3\text{O}_2 \rightarrow \text{Sens} + {}^1\text{O}_2 \tag{10.6}$$

ここで，Sens は，光エネルギーを吸収する物質（**光増感剤**（photosensitizer））であり，^{1}Sens と ^{3}Sens は，それぞれ，その励起一重項状態と励起三重項状態を表している。^{3}O$_2$ は，基底状態の酸素（三重項酸素）である。一重項酸素の寿命は，水溶液中では，4 µs 程度である。重水中では，70 µs 程度まで著しく寿命が延びる。また，有機溶媒中でも比較的長寿命である。一重項酸素は，基底状態の酸素分子よりも酸化作用が強く，生体分子を含むさまざまな有機化合物を酸化することができる。DNA の場合，**グアニン**（guanine）が酸化される。**アミノ酸**（amino acid）（**タンパク質**（protein））では，**システイン**（cysteine），**メチオニン**（methionine），**ヒスチジン**（histidine），**トリプトファン**（tryptophan），**チロシン**（tyrosine）が一重項酸素によって酸化される。あらゆる DNA 塩基やアミノ酸を酸化するヒドロキシルラジカルと比べると酸化作用は低いといえるが，一重項酸素は，細胞毒性作用や光殺菌作用を示すだけの反応性をもっている。

　過酸化物は，おもに金属や有機化合物などが酸化されて生成し，ヒドロキシルラジカルや一重項酸素の発生源になる。また，逆に過酸化物の生成には，ヒドロキシルラジカルや一重項酸素による有機化合物などの酸化が関わる。金属の過酸化物は，金属イオンと過酸化水素との反応によっても生成することがある。

10.2.2 活性酸素の除去と生体防御

生体には，活性酸素を除去する防護機構が備わっている。後述する酵素が活性酸素を酸素や水に分解除去する。まず，スーパーオキシドは，**スーパーオキシドジスムターゼ**（superoxide dismutase）（SOD）が式（10.1）と同じ化学反応を触媒することによって，過酸化水素に変換される。過酸化水素は，**カタラーゼ**（catalase）により，次の化学反応で水と酸素に分解される。

$$2H_2O_2 \rightarrow 2H_2O + O_2 \tag{10.7}$$

これらの**酵素反応**（enzyme reaction）は，きわめて速く進み，スーパーオキシドは，2つの酵素の働きで水と酸素に速やかに変換されることになる。生物におけるSODの活性とその最大寿命には相関があることが知られている。活性酸素は生命にとって毒であるが，進化の過程でその防護機構が獲得され，さらに改良されてきたことを示している。

　一重項酸素を除去する酵素は存在しないが，生体内で触媒的に除去することは可能である。例えば，**β-カロテン**（β-carotene）は，一重項酸素からエネルギーを奪い，基底状態の三重項酸素に戻す働きがある。β-カロテンは，**ビタミン**（vitamin）の一種であるので，ヒトでは体内で合成されず，食物として接種する必要がある。その他，生体内で還元作用を示す分子や栄養素として知られる化合物が自ら一重項酸素と反応し，酸化されることで除去することもある。これらの物質の働きは，**抗酸化作用**（antioxidation action）と呼ばれる。β-カロテンにも自らが活性酸素によって酸化されることで重要な生体分子の酸化を防ぐ作用がある。

　ヒドロキシルラジカルが酵素反応や**触媒反応**（catalytic reaction）で除去されることは確認されていない。ヒドロキシルラジカルは，非常に反応性が高いため，あらゆる生体分子を酸化してしまうためである。ヒドロキシルラジカルを安全に除去するためには，**抗酸化物質**（antioxidative material）が自ら酸化される反応を利用するしかない。また，過酸化物を除去する過程にも抗酸化物質の働きが関わっている。抗酸化物質には，β-カロテンを含むカロテノイドやビタミンC，ビタミンEなどが知られている。

10.2.3 窒素酸化物

窒素酸化物（nitric oxide）も広い意味で活性酸素の仲間として扱われることがある。活性酸素がROSと略されるのに対し，窒素酸化物の一部は，直訳すると活性窒素化合物を意味するReactive Nitrogen Speciesの頭文字からRNSと略されることがある。生体反応に関わる窒素酸化物には，ラジカルである**一酸化窒素**（nitrogen monoxide）（·NO）や陰イオンの**ペルオキシナイトライト**（peroxynitrite）（ONOO⁻）があげられる。ペルオキシナイトライトは，一酸化窒素とスーパーオキシドから次の化学反応で生成する。

$$·NO + O_2·^- \rightarrow ONOO^- \tag{10.8}$$

これらの窒素酸化物には，神経系における生理活性が知られている。一酸化窒素の発生源となる窒素酸化物や関連する化合物は，塗り薬などを含む医薬品としても用いられている。

10.3 アルカリ金属

アルカリ金属の中で特に生命に関わりが深い元素は，ナトリウムとカリウムであろう。食塩（塩化ナトリウム）は，欠乏すると命に関わる（過剰摂取はむしろ有害である）。自然界や生体内では，ナトリウムもカリウムも陽イオンの状態で存在し，ナトリウムイオンは細胞外に多く，カリウムイオンは細胞内に多く存在している（**図10.2**）。詳細は物理化学や電気化学の書物に譲るが，こ

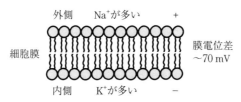

図10.2 ナトリウムイオンとカリウムイオンの濃度差と細胞膜の膜電位

226   10. 生 物 無 機 化 学

の細胞膜を隔てた内外のイオン濃度差を利用して，**膜電位**（membrane potential）が生じる。この膜電位を利用した**電気パルス**（electrical pulse）が**神経伝達**（neural transmission），すなわち信号の伝達に使われている。

　リチウムも陽イオンの状態が安定であり，自然界では塩として存在している。リチウム自身は必須元素ではなく，むしろ接種しすぎると障害を引き起こす。しかし，うつ病や躁病の治療薬として用いられている。その作用機序は，はっきりと解明されていない。その他のアルカリ金属は，必須元素と確認されていない。また，薬理作用も知られていない。

　放射性同位体のカリウム（^{40}K）は，自然界に 0.01％程度存在している。中性子数が多いため，おもに β 崩壊で ^{40}Ca に変わる。半減期が 12 億年ときわめて長い。カリウムは必須元素であることから，^{40}K も生体内に取り込まれ，自然放射線による内部被ばくのおもな原因になっている。また，セシウム ^{137}Cs は，半減期約 30 年の放射性同位体であり，β 崩壊する。自然界で検出される ^{137}Cs は，核実験や原子力発電などに由来している。必須元素の放射性同位体や生体に取り込まれる可能性がある放射性同位体に関する学問は，放射線生物学に分類されるが，広い意味で生物無機化学の範疇でもある。

10.4　第2族元素（アルカリ土類金属）

　第2族元素では，マグネシウムとカルシウムが必須元素であり，いずれも主要元素に分類されている。マグネシウムもカルシウムも陽イオンの状態が安定であり，自然界では塩として存在している。特にカルシウムは骨や歯を構成する元素としてよく知られている。人体ではリン酸イオンと水酸化物イオンと結びつき，おもに**ヒドロキシアパタイト**（hydroxyapatite）（$Ca_5(PO_4)_3OH$）の形で存在する。カルシウムは体の構造を維持するためにも重要であるが，生理活性物質としても重要である。例えば，カルシウムイオンが結合して機能するタンパク質として**カルモジュリン**（calmodulin）が知られている。このタンパク質は，さまざまな酵素反応に関わるが，カルシウムイオンが結合することでタ

ンパク質の構造変化を引き起こし，酵素活性が制御される。

マグネシウムは，人体ではおもにリン酸塩として骨に蓄えられている。カルシウムの吸収に関わり，骨や歯の形成に関わる。また，エネルギー代謝やタンパク質の合成にも関わっている。マグネシウムは医薬品としての用途もあり，酸化マグネシウムは**下剤**（purgative）として，**水酸化マグネシウム**（magnesium hydroxide）は胃酸を中和する**胃腸薬**（gastrointestinal drug）として用いられている。後述するが，マグネシウムは植物の光合成においても重要な元素である。

バリウムイオン（Ba^{2+}）が原因でバリウムは毒性を示す。バリウムの硫酸塩は水に不溶なため，人体無害であり，胃部のエックス線検査で造影剤に用いられる。エックス線は人体をほぼ透過するが，**硫酸バリウム**（barium sulfate）がエックス線を吸収するため，影絵のように体内を観察することができる。

10.5　金 属 錯 体

一般に，金属は陽イオンの状態で存在する。中性の原子が最外殻電子をすべて失った状態が多い。したがって，金属イオンの正電荷により，陰イオンとイオン結合しやすい。また，空の原子軌道をもつことから，ローンペアをもつ物質との配位結合で化合物を形成しやすい。特にd軌道に電子をもつ金属イオンは，s軌道，p軌道，d軌道を用いた結合を形成することができる。そのため，ローンペアをもつさまざまな化合物とバラエティーに富んだ配位結合による化合物，すなわち金属錯体を形成する。金属錯体の主様な構造のパターンの1つであるsp^3d^2混成軌道をした金属イオンがつくる正八面型構造を**図 10.3**に示す。なお，金属錯体については，6章で説明している。

図のMが中心の金属イオン，Lが配位子である。金属錯体となることで，金属イオンの電子状態は安定化される。さらに，特定の物質とのみ電子のやり取りが可能になる場合がある。d軌道に電子をもつ金属イオンは，触媒作用を示すものが多い。その要因は，空のd軌道に電子を受け入れる能力と自らが

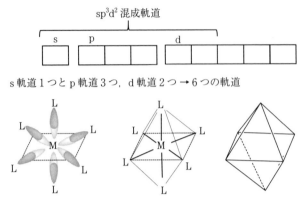

図 10.3 金属錯体のおもな構造のパターンの例

もつ電子を相手に与える能力の両方が関わっていると考えられている。相手から電子を受け取り、また自らの電子を返す働きで、最終的に自ら変化せず、相互作用した物質を変化させることができる。すなわち触媒作用である。生体では、金属錯体がさらにタンパク質と複合化することにより、さまざまな特異的な触媒作用を示すことが可能となっている。このような生体内の触媒は、酵素と呼ばれる。金属は、触媒作用の中心的な役割を果たしているが、配位結合している配位子となる物質による安定化と、さらにタンパク質が作る環境によって、触媒作用が最大限発揮できているといえる。ここでは、金属錯体と酵素の例や酸素の運搬、光合成における役割を概説する。

10.5.1 金属錯体と酵素

生体における金属錯体としては、**ヘム**（heme）が最も有名な例であろう。ヘムとは、環状の有機化合物である**ポルフィリン**（porphyrin）の中心に鉄イオンが配位結合して形成される金属錯体である。なお、ポルフィリンとは、**図 10.4** に示す環状化合物を基本骨格とする化合物の総称である。

ヘムは、生体内で **5-アミノレブリン酸**（5-aminolevulinic acid）（5-ALA）から生合成される（**図 10.5**）。詳細は省略するが、まず**プロトポルフィリン IX**（protoporphyrin IX）と呼ばれるポルフィリンが作られ、次に鉄イオンが導入

10.5 金属錯体　　229

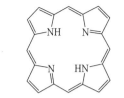
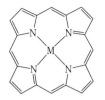

中心の M は金属イオン
（電荷は省略）

ポルフィリン環の基本構造　　ポルフィリンの金属錯体

図 10.4　ポルフィリンの基本構造と金属錯体

5-アミノレブリン酸　　　　プロトポルフィリン IX　　　　ヘム
(5-ALA)

図 10.5　ヘム生合成のスキーム

されることでヘムが形成される。

　ヘムは単独でも触媒作用を示すが，タンパク質と結合することで特異的な触媒作用，すなわち酵素反応を引き起こすようになる。前述したカタラーゼにもヘムが関わっている。カタラーゼとは，過酸化水素を水と酸素に分解する酵素を意味し，生物の種類によって，その化学構造などは異なる。ヒトでは，タンパク質の部分が 4 つの**サブユニット**（subunit）となっている。また，ヘムだけでなく，マンガンイオンもタンパク質のアミノ酸残基と配位結合する形で含まれている。

　シトクロム（cytochrome）と呼ばれるヘムとタンパク質から構成される物質も，広く生命にとって重要である。シトクロムは，おもに酸化還元に関わる物質であり，鉄イオンを含むことは共通しているが，ポルフィリンとタンパク質の部分が異なる種々の構造が知られている。生命における酸化還元反応の中で，シトクロムは呼吸や光合成における**電子伝達**（electron transfer）に関わっている。また，**シトクロム P450**（cytochrome P450）と呼ばれるヘムとタンパク質から構成される酵素も生命にとって重要である。ポルフィリン

は，波長400nm前後に特徴的な吸収帯をもつが，シトクロムP450は，一酸化炭素が結合すると波長450nmに吸収極大を示すことから名付けられた。シトクロムP450は，酸化還元反応（有機化合物の水酸化反応を含む）や**異性化反応**（isomerization），**脱メチル化反応**（demethylation）など，さまざまな酵素反応を触媒する。

また，前述のスーパーオキシドジスムターゼは，金属イオンとタンパク質のアミノ酸が配位結合して形成された酵素である。ヘムのように比較的低分子量の有機化合物が配位したものではないが，広い意味での金属錯体ということができる。スーパーオキシドジスムターゼの活性中心としての金属イオンには，銅イオン，亜鉛イオン，マンガンイオンがよく知られている。この他，鉄イオンやニッケルイオンを利用したスーパーオキシドジスムターゼも知られている。

10.5.2 血液における酸素運搬

血液で酸素運搬を担う**ヘモグロビン**（hemoglobin）は，ヘムと**グロビン**（globin）と呼ばれるタンパク質から構成されている（**図10.6**）。

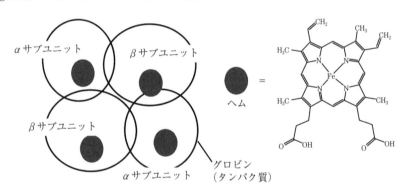

図10.6 ヘモグロビン（4つのサブユニット）のイメージ

ヒトのヘモグロビンは，α-サブユニットとβ-サブユニットと呼ばれるタンパク質とヘムから構成されている。各サブユニットにヘムが1つずつ結合している。これらのサブユニットがそれぞれ2つずつ結合して，ヘモグロビンが構成されている。すなわち，ヘモグロビンは，それぞれにヘムを有する4つのサ

ブユニットから構成された4量体のタンパク質である．酸素分子は，ヘムの中心の鉄イオンに結合した状態で運搬される．

　ヘモグロビンの重要な役割は，**アロステリック効果**（allosteric effect）による酸素分子の吸着と脱着である．アロステリック効果の詳細については，生化学などの専門書に譲るが，基質の結合によって酵素などの作用に**フィードバック**（feedback）がかかる現象を意味する．

　ヘモグロビンのアロステリック効果とは，酸素濃度に応じたフィードバックがかかり，酸素濃度が十分に高い場所では酸素分子を取り込んで離さず，酸素濃度がある一定よりも低くなると一気に酸素分子を放出するメリハリのある作用である．もし，酸素分子との結合が単純な化学平衡であるとすると，その平衡定数は，温度が一定であれば変化することはない．ヘモグロビンと類似したタンパク質である**ミオグロビン**（myoglobin）（1つのタンパク質と1つのヘムから構成）がその例であり，酸素分子の取込みと放出は単調である（図 10.7（b））．一方，その結合定数が酸素濃度に依存するのがヘモグロビンである

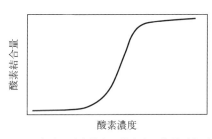
（a）酸素濃度に依存する化学平衡（ヘモグロビン）

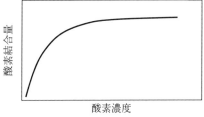
（b）単調な化学平衡（ミオグロビンなど）

図 10.7　酸素結合量と酸素濃度の関係

(図（a））。

酸素濃度が高い場合，平衡定数（結合定数）は大きくなり，酸素濃度が低くなると平衡定数が小さくなる。そのメカニズムを無機化学の側面から説明する。ヘムの鉄イオンは，図10.3に示したような正八面体型の錯体の中心金属である。この鉄イオンは，6本の配位結合が可能であり，まずヘムの中心でポルフィリンの4個の窒素のローンペアと配位結合している。そして，残りの空の軌道でヒスチジンの**インドール環**（indole ring）の窒素のローンペアとも配位結合している。この状態では，鉄イオンの3d軌道の電子は比較的広い空間に広がっている。すなわち，鉄イオンは比較的大きく，ポルフィリン環の中心から多少はみだしている（**図10.8**）。

図では，やや大げさに表現しているが，実際には鉄イオンは，ポルフィリン

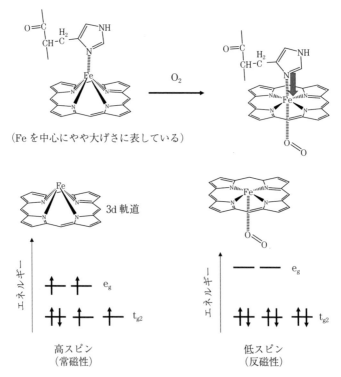

図10.8 ヘムへの酸素分子の結合と鉄イオンにおける3d軌道の電子状態の変化

10.5 金属錯体　233

環から $0.7 \sim 0.8$ Å 程度でしかはみだしていない。ポルフィリン環の直径は 10 Å 程度なので，相対的にはポルフィリン環の大きさに対して 1 割程度はみだしていることになる。そこへ酸素分子が鉄イオンに配位結合すると $3d$ 軌道の e_g 電子が酸素のローンペアから反発を受けるため，e_g 軌道のエネルギー準位が高く不安定になる。そこで e_g 軌道の電子は t_{2g} 軌道へ逃げる。その結果，d 軌道の電子は比較的狭い空間に収まることになり，鉄イオンがわずかに小さくなる。小さくなった鉄イオンはポルフィリン環の中心に収まることができる。これが引き金となり，ポルフィリン環の反対側から配位結合しているヒスチジンがポルフィリン環側へ引き付けられる。

　そして，ヘモグロビンの他のサブユニットの構造も変わる。この構造変化により，他のサブユニットのヘムにおける酸素分子との結合定数も変わる。もちろん，酸素分子が脱着すれば，また元の構造に戻る。このように基質である酸素分子の結合がタンパク質の構造変化をもたらすことにより，酸素分子との結合定数が変わることでフィードバックが起きる。この作用によって，酸素が十分にある場所で酸素を結合し，酸素が少ない場所で放出することが可能となる。

　ところで，遷移金属元素の錯体が可視光を吸収するとき，d 軌道の電子遷移が重要である。ヘムの鉄イオンへの酸素分子の結合と脱着では，鉄の $3d$ 軌道の電子状態が変わるため，鉄イオンに由来する色も変化する。酸素分子を多くもつ**動脈血**（arterial blood）と酸素分子が少ない**静脈血**（venous blood）では色が異なるが，ヘムの鉄イオンにおいて $3d$ 軌道の電子状態が異なることで説明される。また，酸素分子を結合していない鉄イオンの $3d$ 軌道では，e_g 軌道と t_{2g} 軌道のエネルギー差が比較的小さいため，電子はできるだけ反発をさけるために e_g 軌道と t_{2g} 軌道に分かれて配置されている。この状態では，同じスピンの電子数が多いため，**高スピン状態**（high-spin state）と呼ばれ，常磁性となる。一方，酸素分子を結合した状態では，e_g 軌道のエネルギー準位が高くなるため，すべての電子が t_{2g} 軌道に収まり，全体でスピンは打ち消される。この状態は**低スピン状態**（low-spin state）と呼ばれ，反磁性となる。

　一酸化炭素が中毒を起こす現象も無機化学の側面から説明することができ

る。まず，**一酸化炭素中毒**（carbon monoxide intoxication）とは，ヘモグロビンのヘムの鉄イオンと一酸化炭素分子が酸素分子よりも結合しやすいために**酸素欠乏**（anoxia）を引き起こすことが原因である。その強い結合は，一酸化炭素の分子軌道から説明することができる（図 10.9）。

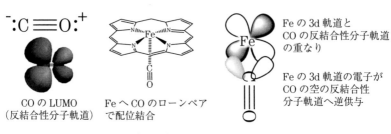

図 10.9　一酸化炭素の分子軌道と鉄イオンとの結合

　まず，一酸化炭素のローンペアが鉄イオンに配位結合する。ここまでは酸素との場合と大きな違いはない。一酸化炭素の LUMO は，反結合性の π 軌道であり，炭素の側に大きく広がっている。その軌道と鉄イオンの 3d 軌道との重なりが有効に形成され，3d 軌道の電子を使い，一酸化炭素の LUMO と結合する**逆供与**（back donation）が起こる。このために強い結合が形成される。

　反結合性分子軌道に電子が入ると一酸化炭素の炭素原子と酸素原子の結合を弱めることになるが，一酸化炭素の炭素原子と鉄イオンとの結合は強まることとなり，総合的にはエネルギーが低下して安定化される。一酸化炭素の発生は，比較的低濃度でも生命に関わるため，炭素を含む燃料などの**不完全燃焼**（incomplete combustion）には注意する必要がある。もちろん，燃料などの**完全燃焼**（complete combustion）と不完全燃焼に関わらず，燃焼に伴う酸素の消費による酸素欠乏は，非常に危険である。

10.5.3　金属錯体と光合成

　植物の光合成においても金属錯体は重要である。ポルフィリンの類似体であるクロロフィルの中心にマグネシウムが配位結合して形成される金属錯体は，

光合成で太陽光を吸収する色素である。**図10.10**は，クロロフィル*a*の分子構造を示している。ポルフィリン環自身は，−2価の陰イオンであり，＋2価の陽イオンであるマグネシウムイオンが結合すると全体では中性となる。タンパク質の骨格によって**クロロフィル**（chlorophyll）がきれいに配置されることで，吸収された光エネルギーが無駄なく運ばれ，最終的に**スペシャルペア**（special pair）と呼ばれるクロロフィルの2量体へエネルギーが移動する。そのエネルギーを使い，クロロフィルから電子が放出されて，その電子が運ばれていくが，そのときの電子伝達に前述のシトクロムや**フェレドキシン**（ferredoxin）と呼ばれる金属錯体が関わっている。このように光の吸収や電子伝達にも金属錯体が主要な働きをしている。

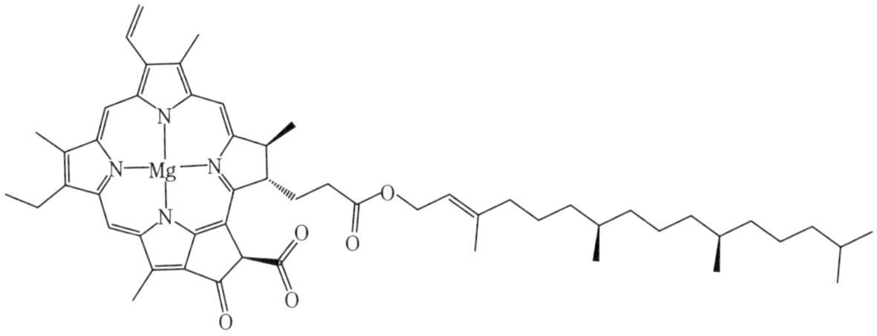

図10.10 クロロフィル*a*の分子構造

また，上記の過程では，クロロフィルから電子が失われる。その電子を補充するために水を分解（酸化分解）する。そのときに酸素分子と水素イオンが発生する。この水の分解を引き起こす酵素には，マンガンが関わっている。マンガン原子4個とカルシウム原子1個が酸素を介して結合し，タンパク質のアミノ酸残基からの配位結合によって構造が安定化された物質である。

10.6 金属が示す毒性

金属は，**過剰障害**（excess symptom）として，発がん性やさまざまな毒性

236   10. 生 物 無 機 化 学

を示すことも知られている。このような無機物質の有害性のメカニズムも生物
無機化学の重要なテーマである。しかし，その詳細については，医学や生物学
が関わる複雑な現象である。ここでは，金属が示す**有害性**（noxious）の例に
ついて簡単に述べる。

10.6.1　重金属の毒性

　多くの**重金属**（heavy metal）がヒトに有害であることが知られている。水
銀の毒性は有名であろう。金属の水銀は，人体への吸収率はさほど高くないの
で毒性もさほど強くない。一方，**有機水銀**（organic mercury）に分類される
メチル水銀（methyl mercury）は人体へ吸収されやすいため，強い毒性を示
す。メチル水銀は中枢神経への障害を引き起こす。その他，カドミウムや鉛も
重金属の毒性の例としてよく知られている。これらの重金属は，公害の原因と
してよく知られてきた。

　また，金や白金は，単体の状態では人体無害であるが，イオンになると有害
である。重金属の毒性には，人体への吸収のされやすさも重要である。吸収さ
れたあとの毒性のメカニズムは複雑であり，詳細は医学や生物学の範疇にな
る。化学の側面からは，重金属の多くは，タンパク質に結合し，**変性**
（denaturation）させることがよく知られている。変性したタンパク質は酵素
であればその機能を失う。また異常なタンパク質の塊を体内に蓄積させる原因
にもなる。

10.6.2　金属発がん

　さまざまな重金属が**発がん性**（carcinogenicity）を示すことも知られている
（**表10.2**）。そのメカニズムも生物無機化学のテーマであるが，やはり複雑で
ある。生命には，がんを抑制する機構があるが，**がん抑制遺伝子**（tumor
suppresser gene）の損傷やがん抑制に関わる酵素タンパク質の変性が関わる
場合もある。また，重金属イオンは強い酸化作用を示す場合もある。重金属
は，さまざまな酸化状態を取る場合があり，酸化還元の過程で前述のスーパー

10.7 無機物質の薬理作用の例：抗がん剤　　*237*

表10.2 ヒトに対する発がん性が認められている金属の例

金属元素	元素記号	おもな化学形
カドミウム	Cd	全般
クロム	Cr	Cr (IV)（6価クロムを含む化合物）
ガリウム	Ga	GaAs
ニッケル	Ni	化合物
プルトニウム	Pu	
ラジウム	Ra	
トリウム	Th	

オキシドをはじめとした活性酸素を生成することがある。放射性の重金属では，放射線の発生や放射線の電離作用で活性酸素生成が引き起こされる。重金属自身がもつ酸化作用や活性酸素生成，放射線の発生は，DNAなどの生体分子の**酸化損傷**（oxidative damage）を引き起こす。DNAの酸化損傷は，発がんを誘発する要因の1つである。また，がん抑制遺伝子として働く部位のDNAが損傷を受ければ，本来抑制されるはずのがんを抑制できないことになり，結果として発がんに至る場合がある。

10.7　無機物質の薬理作用の例：抗がん剤

無機物質が薬理作用を示すことも知られている。ここでは，白金錯体の**抗がん剤**（anticancer agent）における例を示す。**シスプラチン**と呼ばれる白金とアンモニア，塩素の錯体（**図10.11**）は，DNAのグアニンに結合し，DNAの複製を阻害することで細胞分裂を抑制する。すなわち，がん細胞の分裂を止めることができる。トランス型の異性体は，DNAに結合しても酵素反応で除去されてしまうため，細胞分裂の抑制効果が弱い。シス型の異性体が顕著な薬理作用を示すため，シスプラチンと命名された。がん細胞だけに分裂抑制作用を示すわけではないが，**抗腫瘍効果**（antitumor effect）を示すため，シスプラチンのさまざまな誘導体が開発された。

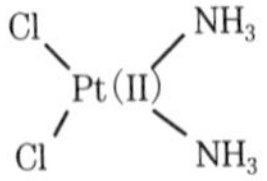

238   10. 生物無機化学

（a）分子構造 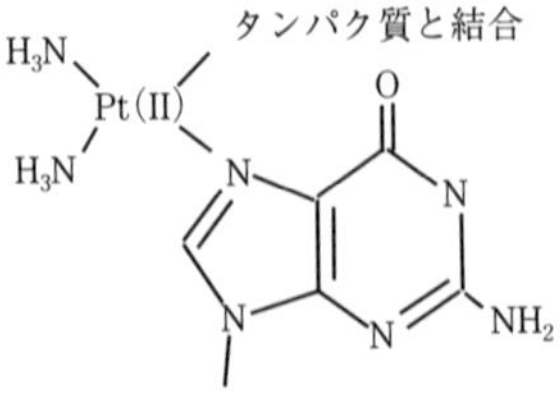   （b）DNA への結合

図 10.11 シスプラチン

ま　と　め

　生命に直接関わる酸素などのほか，無機物質として分類される多くの元素，特に金属元素が生命にとって重要な働きをしていることを述べた。また，無機物質の有害性も生物無機化学の重要なテーマである。その詳細は非常に複雑であり，医学や生物学，生化学などの分野で学ぶ内容とも関わる。そのメカニズムの解明には金属元素がもつ電子の役割や，タンパク質や DNA をはじめとした生体分子との相互作用が関わっている。将来，医学や生命科学の分野に進まれる皆さんには，そのとき，無機化学との関わりを思い出してほしい。生物無機化学は，かなり幅の広い学問である。本章では，その一部しか記せていないが，生物無機化学とはどのような学問であるか，その雰囲気を感じ取ってもらえたならば幸いである。

章 末 問 題

1. スーパーオキシドが基底状態の中性の酸素分子（通常の酸素分子）よりも化学反応性が高い活性酸素に分類されるのはなぜか？（ヒント，分子軌道と結合次数から考えてみよう。）
2. 酸化された油には有機化合物の過酸化物が含まれる。古い油は健康によくないと考えられているが，それにはどのような理由が考えられるか？
3. β-カロテンは一重項酸素を触媒的に基底状態の酸素に戻すことができる。励起状態となったβ-カロテンのエネルギーと一重項酸素がもつエネルギー（基底状態の酸素分子がもつエネルギーとの差）はどちらが大きいと考えられるか？

4. ヘムの鉄イオンは，酸素が結合するとわずかに小さくなる。その理由を説明せよ。

5. ヘモグロビンのアロステリック効果は，生物学的にどのような意義があるか？

6. 一酸化炭素中毒が起こる理由を無機化学の視点から説明せよ。

7. 重金属が示す毒性の例を記せ。

8. 白金錯体は，抗がん剤として用いられることがある。そのメカニズムを説明せよ。

付　録

よく使われる物理定数

物理量	記号	数値と単位
光速度（真空中）	c	$299\,792\,458\ \mathrm{m\,s^{-1}}$
電気素量（素電荷）	e	$1.602\,176\,634 \times 10^{-19}\ \mathrm{C}$
電子の質量	m_e	$9.019\,383\,701\,5(28) \times 10^{-31}\ \mathrm{kg}$
真空の誘電率	ε_0	$8.854\,187\,812\,8(13) \times 10^{-12}\ \mathrm{J^{-1}\,C^2\,m^{-1}}$
真空の透磁率	μ_0	$1.257\,637\,062\,12(19) \times 10^{-6}\ \mathrm{N\,A^{-2}}$
プランク定数	h	$6.626\,070\,15 \times 10^{-34}\ \mathrm{J\,s}$
気体定数	R	$8.314\,462\,618\ \mathrm{J\,K^{-1}\,mol^{-1}}$
アボガドロ定数	N_A	$6.022\,140\,76 \times 10^{23}\ \mathrm{mol^{-1}}$
ファラデー定数	F	$9.648\,532\,12 \times 10^{4}\ \mathrm{C\,mol^{-1}}$
ボルツマン定数	k_B	$1.381\,649 \times 10^{-23}\ \mathrm{J\,K^{-1}}$
ボーア磁子	μ_B	$9.274\,010\,078\,3(28) \times 10^{-24}\ \mathrm{J\,T^{-1}}$

SI 基本単位

物理量	単位（読み方）	よく使われる記号
長さ	m（メートル）	l
質量	kg（キログラム）	m
時間	s（秒）	t
電流	A（アンペア）	I または i
物質量	mol（モル）	n
絶対温度	K（ケルビン）	T
光度	cd（カンデラ）	I

代表的な SI 組立単位

物理量	記号（読み方）	SI 基本単位での表記
エネルギー	J（ジュール）	$kg\,m^2\,s^{-2}$
仕事率	W（ワット）	$kg\,m^2\,s^{-3}$
力	N（ニュートン）	$kg\,m\,s^{-2}$
圧力	Pa（パスカル）	$kg\,m^{-3}\,s^{-2}$（$N\,m^{-2}$）
電荷	C（クーロン）	$A\,s$
電位差	V（ボルト）	$kg\,m^2\,s^{-3}\,A^{-1}$
平面角	rad（ラジアン）	$m\,m^{-1}$
立体角	sr（ステラジアン）	$m^2\,m^{-2}$
磁束密度	T（テスラ）	$kg\,A^{-1}\,s^{-2}$
電束密度		$C\,m^{-2}$（$A\,m^{-2}\,s$）
振動数	Hz（ヘルツ）	s^{-1}
光束	lm（ルーメン）	$cd\,sr$
照度	lx（ルクス）	（$cd\,sr\,m^{-2}$）（$lm\,m^{-2}$）
吸収線量	Gy（グレイ）	$m^2\,s^{-2}$

索　引

〔あ〕

アインシュタインモデル	182
亜塩素酸	135
アクセプター原子	142
アクチノイド	210
アクチノイド収縮	212
アザクラウンエーテル	96
亜臭素酸	135
アスタチン	126
アセチリド	113
圧電効果	184
圧力容器	216
アナターゼ	160
アナターゼ型	176
アミノ酸	223
アメリシウム	211
亜ヨウ素酸	135
亜硫酸	125
アルカリ金属	89
アルカリ土類金属	97
アルミニウム	101
アルミン酸イオン	109
アレニウスの定義	190
アロステリック効果	231
アントラキノン法	123
アンモニア	117

〔い〕

硫　黄	120
イオン化エネルギー	16
イオン化傾向	92
イオン結合	40
イオン結晶	36
イオン伝導	180
イオン半径	28
イオン半径比	43
異性化反応	230
位　相	11
位置エネルギー	6

〔う〕

一重項酸素	123
胃腸薬	227
一酸化炭素	112, 233
一酸化炭素中毒	234
一酸化窒素	225
イットリウム	159
医薬品	220
イリジウム	164
インドール環	232

ウェイド則	106
ウラン	210
ウルツ鉱型構造	42
ウンゲラーデ	62
運動エネルギー	6

〔え〕

液　体	2
液体金属	216
エックス線	28
エネルギー移動	223
塩化セシウム型構造	41
塩化物イオン	56
塩　基	2, 190
塩基解離指数	193
塩基解離定数	193
延　性	38
塩　素	126
塩素酸	135
エンタルピー	196
エンタルピー変化	44
エントロピー	196
塩類似水素化物	85

〔お〕

王　水	117, 166
黄リン	119
オガネソン	207
オキソ酸	106

オクテット則	15, 53
オストワルド法	117
オスミウム	164
オゾン	121
オルト水素	83
オールレッド・ロコウ の定義	20

〔か〕

過塩素酸	134
化学結合	27
核医学	204
核化学	204
核　酸	221
格納容器	216
核反応	205
核物理学	204
核分裂	158, 206
核　膜	222
隔膜電解法	128
核融合	212
核　力	2, 205
化合物	1
過酸化水素	123, 222
過酸化物	56
過酸化物イオン	122
過臭素酸	135
過剰障害	235
加水分解	197
硬い塩基	193
硬い酸	193
カタラーゼ	224
活性酸素	123, 221
活　量	93
カテネーション	124
価電子帯	76
カーボンナノチューブ	112
カーボンナノホーン	112
カマリング・オネス	181
過ヨウ素酸	135

索　　　　　　引　243

カリウム	91	空間群	179	格子エネルギー	44
カルコゲン	120	空間格子	171	格子エンタルピー	44
カルシウム	97	空間線量率	210	格子欠陥	185
カルシウムアセチリド	113	クォーク	2	格子定数	175
カルボニル	144	クラウンエーテル	95	抗腫瘍効果	237
カルモジュリン	226	グラファイト	37, 111	高スピン状態	233
岩塩型構造	41	グラフェン	111	高速増殖炉	216
還元剤	197	クリプタンド	96	酵素タンパク質	221
換算質量	82	グレイ	209	酵素反応	224
緩衝作用	194	グロビン	230	呼吸	221
緩衝溶液	194	クロム	162	コークス	114
完全燃焼	234	クロロフィル	235	黒リン	119
完全反磁性	181	クーロン力	6	固体	2
ガンマ（γ）線	207			固体化合物	34
がん抑制遺伝子	236	〔け〕		コバルト	163
		形式電荷	54	固有関数	8
〔き〕		軽水素	82	孤立電子対	53
希ガス	19, 87	軽水炉	216	混合物	1
貴ガス	19, 87	ケイ素	99, 109	混成軌道	71
希硝酸	166	下剤	227		
気体	2	結合エネルギー	20	〔さ〕	
軌道電子捕獲	206	結合距離	27	最外殻電子	20, 24
希土類鉱床	159	結合次数	60	最高被占分子軌道	63
ギブズエネルギー	196	結合性分子軌道	58	最低空軌道	63
逆位相	58	結晶	37	最密充填構造	38
逆供与	234	結晶格子	171	サブユニット	229
吸収線量	209	結晶場	152	細胞膜	222
凝固点降下	114, 189	結晶場分裂	153	酸	2, 190
凝集力	36	結晶場理論	152	酸塩基反応	191
鏡像異性体	147	ゲラーデ	62	酸化アルミニウム	108
共鳴	55	原子	1	酸解離指数	131, 193
共鳴構造	55	原子核	1	酸解離定数	192
共有結合	36	原子価結合理論	150	酸化還元	197
共有結合結晶	37	原子軌道	57	酸化還元電位	200
共有結合半径	27	原子状酸素	123	酸化還元反応	197
極性結晶	184	原子半径	27	三角関数	9
キレート	148	原子番号	2	酸化剤	197
銀	165	原子力発電	204	酸化作用	125
金	165	原子炉	160	酸化数	56
禁制帯	76	元素	1	酸化ストレス	221
禁制反射	179	減速材	216	酸化損傷	237
金属	75			酸化ダメージ	221
金属クラスター	147	〔こ〕		酸化チタン	160
金属結晶	36	高温超伝導体	159	酸化物イオン	122
金属半径	27	抗がん剤	237	三酸化硫黄	125
金属類似水素化物	87	合金	39	三斜格子	173
		光合成	221	三斜晶系	173
〔く〕		抗酸化作用	224	三重結合	53
グアニン	223	抗酸化物質	224	三重水素	82

244　索　　　引

酸　素	120	衝　突	189	赤リン	119
酸素イオン	122	静脈血	233	セシウム	91
酸素欠乏	234	消滅則	179	絶縁体	75
三方晶系	173	触媒作用	219	零点振動エネルギー	88
		触媒反応	224	セン亜鉛鉱型構造	42, 175
〔し〕		ショットキー欠陥	185	遷移金属	140
次亜塩素酸	134	シラン	115	遷移元素	25, 140
次亜臭素酸	135	ジルコニウム	160	全生成定数	158
次亜フッ素酸	133	ジルコン	160		
次亜ヨウ素酸	135	真空中	36	〔そ〕	
磁　界	13	真空の誘電率	6	双極子-双極子相互作用	50
紫外線	222	神経伝達	226	双極子モーメント	49, 183
磁気モーメント	151	真正半導体	77	双極子-誘起双極子相互作用	
磁気量子数	12	浸透圧	190		50
仕事関数	16	侵入型固溶体	40	族	24
自己プロトリシス	191	振　幅	9	束一的性質	190
磁　石	13			組織荷重係数	209
システイン	223	〔す〕		素粒子	206
シスプラチン	147, 237	水　銀	158	素粒子物理学	204
磁　性	13, 141	水酸化マグネシウム	227	ゾーンメルティング	114
磁性体	177	水酸基	131		
実効線量	209	水　素	82	〔た〕	
実在気体	190	水素イオン	84	帯域溶融法	114
質量数	3	水素化物イオン	84	体心正方格子	171
シトムロー厶	229	水素結合	36	体心直方格子	171
シトムロー厶 P450	229	水素分子	58	体心立方格子	40
自発分極	184	水　和	195	体心立方格子構造	40
シーベルト	209	水和水	94	ダイヤモンド	37, 110
ジボラン	105	スカンジウム	159	多核錯体	147
遮蔽材	215	スーパーオキシド	222	脱水作用	125
遮蔽定数	18	スーパーオキシド		脱メチル化反応	230
周　期	24	ジスムターゼ	224	多電子原子	12
周期表	1	スピン量子数	13	ダルトナイド化合物	34
重金属	236	スペシャルペア	235	単位格子	171
重水素	82	スレーター則	18	炭化カルシウム	113
臭　素	126			炭化ケイ素	115
臭素酸	135	〔せ〕		炭化物	113
自由エネルギー	196	制御材	160, 215	炭化物イオン	113
自由電子モデル	37	制御棒	215	タングステン	162
充満帯	76	正　孔	77	単結合	53
重力相互作用	205	正四面体	39	炭　酸	133
縮　退	65	生成定数	157	炭酸イオン	112
主量子数	11	静電引力	6	単斜晶系	173
シュレーディンガー方程式 8		静電気的な引力	19	単純正方格子	171
純物質	1	静電気力	36	単純単斜格子	173
晶　系	171	正八面体	39	単純直方格子	171
硝　酸	117	生物無機化学	219	単純立方格子	171
常磁性	66	正方晶系	171	弾性衝突	189
照射線量	210	生命活動	221	炭　素	109

索　　引　　245

単　体	1	電子軌道	56	**〔ね，の〕**	
タンタル	161	電子交換	223		
タンパク質	223	電子状態	4	ネオジム	167
〔ち〕		電子親和力	17	熱伝導	182
		電子線	83	熱伝導率	182
チオクラウンエーテル	96	電子対	15	熱容量	182
チタン	160	電子対反発則	72	ネプツニウム	211
チタン酸カルシウム	177	電子伝達	229	ネルンストの式	202
窒　素	116	電子ニュートリノ	206	燃料ペレット	214
窒素酸化物	225	電子配置	13	燃料棒	160, 214
中心間距離	45	展　性	38	濃硝酸	166
中性原子	14	電　池	189	**〔は〕**	
中性子	1	点電子式	52		
超原子価化合物	53	伝導体	76	配位化合物	142
超酸化物	56	電離作用	207	配位結合	120
超酸化物イオン	122	電離放射線	207	配位子	120
超伝導	181	**〔と〕**		配位子場理論	155
超伝導体	177			配位数	41
超流動	88	ド・ブロイ	7	配位多面体	171
直方晶系	173	銅	165	パウリの排他原理（排他律）	
直交方向	62	同位相	58		13
チロシン	223	同位体	2	白リン	119
〔つ，て〕		同位体効果	82	発がん性	236
		等価線量	209	白　金	164
強い力	2, 205	同重体	3	白金触媒	117
抵抗率	180	導　体	75	白金族元素	164
低侵襲	217	動脈血	233	発光ダイオード	77
底心単斜格子	173	毒　性	217	波動関数	8
底心直方格子	171	ドナー原子	142	ハドロン	206
低スピン状態	233	ドーピング	77	ハドロン数	206
定比例の法則	34	トリプトファン	223	バナジウム	161
定容熱容量	182	トリフルオロ酢酸	131	ハーバー・ボッシュ法	117
テクネチウム	158	ドルトン	34	ハーバー・ワイス反応	222
鉄	163	**〔な〕**		ハフニウム	160
テネシン	126			ハミルトニアン演算子	8
デバイモデル	182	内殻電子	17	パラジウム	164
デュロン・プティの法則	182	ナトリウム	91	パラ水素	84
電気陰性度	19	ナノ材料	185	ハロゲン	125
電気素量	6	ナノ粒子	186	ハロゲン化物	126
電気抵抗	180	**〔に〕**		半　径	6
電気抵抗率	180			反結合性分子軌道	58
電気伝導度	75	ニオブ	161	半減期	210
電気伝導率	180	ニクトゲン	116	反射材	214
電気パルス	226	二酸化硫黄	125	半占有軌道	64
電極電位	92	二酸化ケイ素	37, 115	反電子ニュートリノ	82, 205
典型元素	25, 81	二酸化炭素	37, 112	半導体	75
点欠陥	185	二重結合	53	バンドギャップ	76
電　子	1	ニッケル	163	バンド理論	74
電磁気相互作用	36, 205	ニュートリノ	205	反発力	19

半反応式	198	不飽和結合	73	放射化学	204
反物質	206	ブラッグの法則	178	放射性医薬品	220
万有引力	205	ブラッグ反射	178	放射性同位体	3
		ブラベ	171	放射線	3, 83
〔ひ〕		ブラベ格子	171	放射線化学	204
光増感剤	223	フラーレン	112	放射線荷重係数	209
非結合性分子軌道	58	ブルッカイト型	176	放射線診断	204
非結合電子対	53	プルトニウム	211	放射線治療	204
ヒスチジン	223	フレンケル欠陥	185	放射線発生装置	207
ビタミン	224	ブレンステッド・ローリーの		放射能	83, 207
ビッグバン	3	定義	190	ホウ素	101
必須元素	159, 219	ブロック	25	ホウ素中性子捕捉療法	217
ヒドリド	144	ブロック分類	25	ボーキサイト	108
ヒドロキシアパタイト	226	プロトポルフィリン IX	228	ホスト−ゲスト錯体	96
ヒドロキシルラジカル	123	フロンティア軌道	64	ホスト−ゲスト相互作用	95
被ばく	83, 209	分光化学系列	154	ホタル石型構造	42, 175
被覆管	160, 214	分光学	3	ポテンシャルエネルギー	44
ビーム	207	分散力	49	ボラジン	106
比誘電率	183	分子間力	37	ボラゾン	107
標準酸化還元電位	200	分子軌道	57	ボラン	104
標準水素電極	92	分子軌道法	56	ポーリングの定義	20
標準電極電位	92	分子結晶	36	ホール・エール法	108
氷晶石	108	分子性化合物	34	ポルフィリン	228
表面プラズモン吸収	165	分子性水素化物	86	ボルン・ハーバーサイクル	
非理想溶液	190	分析化学	189		48
微量元素	220	フントの規則	14		
微量必須元素	164			**〔ま〕**	
		〔へ〕		マイスナー効果	181
〔ふ〕		平衡定数	157	膜電位	226
ファラデー定数	202	ベクレル	208	マグネシウム	97
ファンデルワールス力	49	ヘ ム	228	マーデルング定数	45
フィードバック	231	ヘモグロビン	231	マリケンの定義	19
フェイシャル	147	ヘリウム分子イオン	59	マンガン	163
フェルミ粒子	13	ベリリウム	97		
フェレドキシン	235	ペルオキシナイトライト	225	**〔み〕**	
フェントン反応	222	ベルトライド化合物	34	ミオグロビン	231
フォノン	182	ベルトレ	34	水のイオン積	191
不活性ガス	88	ペロブスカイト型構造		ミラー指数	175
不完全燃焼	234		42, 177		
節	10	変 性	236	**〔め, も〕**	
不対電子	15	ベンゼン	106	メチオニン	223
物質の三態	189	ヘンダーソン・ハッセルバル		メチル水銀	236
物質波	7	ヒの式	195	メリディオナル	147
フッ素	126			面心直方格子	173
フッ素樹脂	130	**〔ほ〕**		面心立方格子	39
沸点上昇	189	ボーアマグネトン	151	モリブデン	162
物理化学	189	ボーアモデル	4		
不定比化合物	34	方位量子数	12	**〔や〕**	
不動態	108	崩 壊	2	薬理作用	220

索　　　引　　247

軟らかい塩基	193	〔ら〕		臨　界	213
軟らかい酸	193	ラジカル	53	〔る〕	
ヤーン・テラー効果	155	ランタニド（ランタノイド）		ルイス構造	52
〔ゆ〕		収縮	31	ルイスの定義	190
有害性	236	ランタノイド	167	ルチル	160
誘起効果	130	ランタン	167	ルチル型構造	42, 176
有機水銀	236	〔り〕		ルテチウム	167
有効核電荷	17			ルテニウム	164
誘電体	177	理想気体	190	ルビジウム	91
誘電分極	183	理想溶液	189	〔れ〕	
誘電率	183	リチウム	91		
遊離基	53	立方最密充填構造	39	冷却材	213
遊離酸	135	立方晶系	171	レニウム	163
〔よ〕		硫化水素	125	レプトン	206
		硫化炭素	125	レプトン数	206
溶液化学	189	硫化リン	119	連鎖反応	213
陽　子	1	硫　酸	125	〔ろ〕	
溶　質	189	硫酸バリウム	227		
ヨウ素	126	粒子線	207	ロジウム	164
ヨウ素酸	135	量子化学	8	六方格子	173
陽電子	206	量子ドット	78	六方最密充填構造	39
溶　媒	189	量子力学	8	六方晶系	173
弱い力	205	両性水酸化物	108	ローレンシウム	211
四フッ化ケイ素	115	菱面体格子	173	ローンペア	53
		リ　ン	116		

〔数字〕		〔N〕		〔ギリシャ文字〕	
2中心2電子結合	54	n型半導体	77	α線	102
3中心2電子結合	54	〔P〕		α崩壊	101
5-アミノレブリン酸	228			α粒子	206
〔D〕		p型半導体	77	β^+崩壊	206
		p軌道	10	β-カロテン	224
d軌道	11	〔S〕		β崩壊	83
〔F〕				π軌道	62
		s軌道	10	π結合	62
f軌道	11	〔X〕		σ軌道	62
〔H〕				σ結合	62
		X線回折	177		
HASB	193				

―― 著者略歴 ――

1995 年　東邦大学理学部生物分子科学科卒業
1997 年　東京大学大学院工学系研究科修士課程修了（応用化学専攻）
2000 年　東京大学大学院総合文化研究科博士課程修了（広域科学専攻），博士（学術）
2000 年　三重大学助手
2004 年　静岡大学助教授
2016 年　静岡大学教授
　　　　現在に至る

初歩から学ぶ無機化学
Introduction to Inorganic Chemistry　　　　　　　　　　　　　Ⓒ Kazutaka Hirakawa 2024

2024 年 9 月 26 日　初版第 1 刷発行　　　　　　　　　　　　　　　　　　　　★

検印省略	著　者	平　川　和　貴
	発行者	株式会社　コロナ社
		代表者　牛来真也
	印刷所	萩原印刷株式会社
	製本所	有限会社　愛千製本所

112-0011　東京都文京区千石 4-46-10
発行所　株式会社　コロナ社
CORONA PUBLISHING CO., LTD.
Tokyo Japan
振替 00140-8-14844・電話(03)3941-3131(代)
ホームページ https://www.coronasha.co.jp

ISBN 978-4-339-06671-5　C3043　Printed in Japan　　　　　　　　　（新宅）

〈出版者著作権管理機構　委託出版物〉
本書の無断複製は著作権法上での例外を除き禁じられています。複製される場合は，そのつど事前に，出版者著作権管理機構（電話 03-5244-5088，FAX 03-5244-5089，e-mail: info@jcopy.or.jp）の許諾を得てください。

本書のコピー，スキャン，デジタル化等の無断複製・転載は著作権法上での例外を除き禁じられています。購入者以外の第三者による本書の電子データ化及び電子書籍化は，いかなる場合も認めていません。
落丁・乱丁はお取替えいたします。

カーボンナノチューブ・グラフェンハンドブック

フラーレン・ナノチューブ・グラフェン学会 編
B5判／368頁／本体10,000円／箱入り上製本

監　修：飯島　澄男，遠藤　守信
委員長：齋藤　弥八
委　員：榎　　敏明，斎藤　晋，齋藤理一郎，
（五十音順）篠原　久典，中嶋　直敏，水谷　孝
（編集委員会発足時）

本ハンドブックでは，カーボンナノチューブの基本的事項を解説しながら，エレクトロニクスへの応用，近赤外発光と吸収によるナノチューブの評価と光通信への応用の可能性を概観。最近嘱目のグラフェンやナノリスクについても触れた。

【目　次】

1. **CNTの作製**
   1.1 熱分解法／1.2 アーク放電法／1.3 レーザー蒸発法／1.4 その他の作製法

2. **CNTの精製**
   2.1 SWCNT／2.2 MWCNT

3. **CNTの構造と成長機構**
   3.1 SWCNT／3.2 MWCNT／3.3 特殊なCNTと関連物質／3.4 CNT成長のTEMその場観察／
   3.5 ナノカーボンの原子分解能TEM観察

4. **CNTの電子構造と輸送特性**
   4.1 グラフェン，CNTの電子構造／4.2 グラフェン，CNTの電気伝導特性

5. **CNTの電気的性質**
   5.1 SWCNTの電子準位／5.2 CNTの電気伝導／5.3 磁場応答／5.4 ナノ炭素の磁気状態

6. **CNTの機械的性質および熱的性質**
   6.1 CNTの機械的性質／6.2 CNT撚糸の作製と特性／6.3 CNTの熱的性質

7. **CNTの物質設計と第一原理計算**
   7.1 CNT，ナノカーボンの構造安定性と物質設計／7.2 強度設計／7.3 時間発展計算／
   7.4 CNT大規模複合構造体の理論

8. **CNTの光学的性質**
   8.1 CNTの光学遷移／8.2 CNTの光吸収と発光／8.3 グラファイトの格子振動／
   8.4 CNTの格子振動／8.5 ラマン散乱スペクトル／8.6 非線形光学効果

9. **CNTの可溶化，機能化**
   9.1 物理的可溶化および化学的可溶化／9.2 機能化

10. **内包型CNT**
    10.1 ピーポッド／10.2 水内包SWCNT／10.3 酸素など気体分子内包SWCNT／
    10.4 有機分子内包SWCNT／10.5 微小径ナノワイヤー内包CNT／10.6 金属ナノワイヤー内包CNT

11. **CNTの応用**
    11.1 複合材料／11.2 電界放出電子源／11.3 電池電極材料／11.4 エレクトロニクス／
    11.5 フォトニクス／11.6 MEMS，NEMS／11.7 ガスの吸着と貯蔵／11.8 触媒の担持／
    11.9 ドラッグデリバリーシステム／11.10 医療応用

12. **グラフェンと薄層グラファイト**
    12.1 グラフェンの作製／12.2 グラフェンの物理／12.3 グラフェンの化学

13. **CNTの生体影響とリスク**
    13.1 CNTの安全性／13.2 ナノカーボンの安全性

定価は本体価格+税です。
定価は変更されることがありますのでご了承下さい。

‖‖‖‖‖‖‖‖‖‖‖‖‖‖‖‖‖‖‖‖‖　図書目録進呈◆

エコトピア科学シリーズ

■名古屋大学未来材料・システム研究所 編（各巻A5判）

			頁	本体
1.	エコトピア科学概論 ― 持続可能な環境調和型社会実現のために ―	田 原 　 譲他著	208	2800円
2.	環境調和型社会のためのナノ材料科学	余 語 利 信他著	186	2600円
3.	環境調和型社会のためのエネルギー科学	長 崎 正 雅他著	238	3500円

シリーズ 21世紀のエネルギー

■日本エネルギー学会編　　　　　　　　（各巻A5判）

			頁	本体
1.	21世紀が危ない ― 環境問題とエネルギー ―	小 島 紀 徳著	144	1700円
2.	エネルギーと国の役割 ― 地球温暖化時代の税制を考える ―	十市・小川 佐　　川 共著	154	1700円
3.	風と太陽と海 ― さわやかな自然エネルギー ―	牛 山 　 泉他著	158	1900円
4.	物質文明を超えて ― 資源・環境革命の21世紀 ―	佐 伯 康 治著	168	2000円
5.	Cの科学と技術 ― 炭素材料の不思議 ―	白石・大谷 京谷・山田 共著	148	1700円
6.	ごみゼロ社会は実現できるか （改訂版）	行本・西 立　田 共著	142	1800円
7.	太陽の恵みバイオマス ― CO₂を出さないこれからのエネルギー ―	松 村 幸 彦著	156	1800円
8.	石油資源の行方 ― 石油資源はあとどれくらいあるのか ―	JOGMEC調査部編	188	2300円
9.	原子力の過去・現在・未来 ― 原子力の復権はあるか ―	山 地 憲 治著	170	2000円
10.	太陽熱発電・燃料化技術 ― 太陽熱から電力・燃料をつくる ―	吉田・児玉 郷右近 共著	174	2200円
11.	「エネルギー学」への招待 ― 持続可能な発展に向けて ―	内 山 洋 司編著	176	2200円
12.	21世紀の太陽光発電 ― テラワット・チャレンジ ―	荒 川 裕 則著	200	2500円
13.	森林バイオマスの恵み ― 日本の森林の現状と再生 ―	松村・吉岡 山崎 共著	174	2200円
14.	大容量キャパシタ ― 電気を無駄なくためて賢く使う ―	直 井・堀 編著	188	2500円
15.	エネルギーフローアプローチで見直す省エネ ― エネルギーと賢く、仲良く、上手に付き合う ―	駒 井 啓 一著	174	2400円

定価は本体価格＋税です。
定価は変更されることがありますのでご了承下さい。

図書目録進呈◆

廃プラスチックの現在と未来
— 持続可能な社会におけるプラスチック資源循環 —

(A5判／334頁／本体5,100円)

■日本エネルギー学会 編
■編集機構
　委員長　行本正雄
　副委員長　加茂　徹
　監　事　岩﨑敏彦・中谷　隼
　委　員　熊谷将吾・田崎智宏・谷　春樹・椿俊太郎・冨田　斉
　　　　　秦三和子・伏見千尋・増田孝弘・八尾　滋・吉岡敏明

内容紹介

　プラスチックは透明性や耐水性が高く，軽量でさまざまな形に加工でき，丈夫で腐食しないといった優れた特性を持つ素材であるため，さまざまな分野で使用され，私たちの生活に不可欠なものとなっている。一方で，耐久性・分離困難性があるにもかかわらず，種類によっては安価であるため，短期間で使い捨てられ，大量の廃棄物となり多くの環境問題を引き起こしてきた。さらに，海洋プラスチックごみ問題がグローバルな環境問題として注目されている。
　本書は，近年世界的に注目される廃プラスチック問題について，国内外で具体的にどのような問題が生じているのか，またそれらに対してどのような取り組みがなされているのかを，資源循環社会，法制度，技術的対応といった観点からまとめ，科学的な根拠とともに紹介する。

主要目次

1. 廃プラスチックに関わる諸問題
2. プラスチックのマテリアルフロー
3. 廃プラスチックに関わる国内外の動向
4. 廃プラスチックのリサイクル技術
5. 次世代プラスチックの開発動向
6. プラスチックリサイクルとLCA
7. わが国のプラスチックリサイクルの将来展望

定価は本体価格＋税です。
定価は変更されることがありますのでご了承下さい。

図書目録進呈◆

技術英語・学術論文書き方，プレゼンテーション関連書籍

プレゼン基本の基本 －心理学者が提案するプレゼンリテラシー－
下野孝一・吉田竜彦 共著／A5／128頁／本体1,800円／並製

まちがいだらけの文書から卒業しよう 工学系卒論の書き方
－基本はここだ！－
別府俊幸・渡辺賢治 共著／A5／200頁／本体2,600円／並製

理工系の技術文書作成ガイド
白井 宏 著／A5／136頁／本体1,700円／並製

ネイティブスピーカーも納得する技術英語表現
福岡俊道・Matthew Rooks 共著／A5／240頁／本体3,100円／並製

科学英語の書き方とプレゼンテーション（増補）
日本機械学会 編／石田幸男 編著／A5／208頁／本体2,300円／並製

続 科学英語の書き方とプレゼンテーション
－スライド・スピーチ・メールの実際－
日本機械学会 編／石田幸男 編著／A5／176頁／本体2,200円／並製

マスターしておきたい 技術英語の基本－決定版－
Richard Cowell・佘 錦華 共著／A5／220頁／本体2,500円／並製

いざ国際舞台へ！ 理工系英語論文と口頭発表の実際
富山真知子・富山 健 共著／A5／176頁／本体2,200円／並製

科学技術英語論文の徹底添削 －ライティングレベルに対応した添削指導－
絹川麻理・塚本真也 共著／A5／200頁／本体2,400円／並製

技術レポート作成と発表の基礎技法（改訂版）
野中謙一郎・渡邉力夫・島野健仁郎・京相雅樹・白木尚人 共著
A5／166頁／本体2,000円／並製

知的な科学・技術文章の書き方 －実験リポート作成から学術論文構築まで－
中島利勝・塚本真也 共著
A5／244頁／本体1,900円／並製
日本工学教育協会賞（著作賞）受賞

知的な科学・技術文章の徹底演習
塚本真也 著
工学教育賞（日本工学教育協会）受賞
A5／206頁／本体1,800円／並製

定価は本体価格＋税です。
定価は変更されることがありますのでご了承下さい。

‖‖‖‖‖‖‖‖‖‖‖‖‖‖‖‖‖ 図書目録進呈◆